U0024818

渤海灣時尚精品批發市場地圖

北中國批貨

張志誠 著

北中國，一個獨具特色的批發天堂！

地大物博，人口眾多，造就中國既成為一個巨型工廠，也成為一個多樣化的市場，即使過去所謂的廉價勞動力已經不復存在，但中國依舊是全球不可或缺的製造基地。

很多人說，當中國勞動力成本急遽上升之後，不少工廠遷移到越南、柬埔寨、泰國等東南亞國家，這些國家將有可能取代中國，成為新的批發市場，坦白說，即使從中長期來看，這些東南亞國家都沒有取代中國這個全球批發市場的條件與實力，因為只要有經驗的人都知道，一個成熟且吸引買賣雙方的批發市場不只有商品，還要有包括銷售、金融、包裝、物流、交通、住宿、餐飲等配套服務，才能成就一個完整的批發服務系統，這也是筆者認為東南亞除泰國外，其他國家至今都無法成為區域批發市場的原因。

拙作《2萬元有找，中國批貨！》（新版書名：《南中國批貨》）、《韓國批貨賺到翻》、《網進中國賣翻天》出版後，筆者收到許多讀者的來信，除了詢問如何到廣東、首爾的批貨、如何透過網路打進中國內需市場等問題外，還有更多讀者來信詢問：「除了廣東外，中國哪裡還有獨具特色的批發市場呢？」

的確，中國的內需市場非常大，如果你越深入了解中國的批發市場，就更了解中國批發市場的獨特性；不同的地理條件、不同的領導策略發展出不同的市場經濟，例如和首爾非常接近的渤海灣諸城市，就是另一個特色獨具的批發市場。

離韓國最近的山東、遼寧，乍聽之下，給人的感覺大概是「遙遠」、「落後」，以及「不知道那裡的批發市場大不大」、「不知道那裡能批什麼」這類的疑問。其實攤開地圖來看，山東和韓國根本是在同一緯度上，瀋陽遠一點，不過瀋陽卻有中國東北交通樞紐這個不可替代的重要性，而且根據中國時尚產業的產業鏈規則，製造廠商在新品上市前，會先提前舉辦「訂貨會」或「展示會」，請各地大盤商前來看貨，東北由於腹地大，瀋陽就成為中國廠商非常看重的內需市場之一。

而筆者在《網進中國賣翻天》中也曾提到，北方節氣明顯，換季商機也比南方顯著，瀋陽在每年9月之後，換季商品開始上市，特別是冬季的各式服裝開始出籠，很多在廣州看不到的高檔冬裝與冬季服飾配件，都可以在瀋陽的批發市場找到（筆者在瀋陽鄰近城市遼陽的佟二堡海寧皮件城就買了好多毛皮用品和皮件孝敬媽媽）。隨著近年臺灣冬季較往常寒冷，各種保暖衣物的需求也越來越多，以瀋陽成為東北、內蒙各種保暖商品的供應中心來看，也是個提供臺灣高檔冬季衣物及各種商品的好地方。

至於距離首爾更近的山東則有「首爾東大門的後花園」稱號，位於山東半島北邊，與韓國距離最近的威海，是大陸第一個與韓國通航的城市，走在威海街頭，到處都是韓文招牌，會讓你有置身韓國的錯覺。威海每天有渡輪及航空班機往返韓國，從青島飛首爾只要1.5小時，威海的渡輪航班夕發朝至，兩個城市往來異常密切，韓商比例獨占鰲頭。筆者跟許多業者談過，發現威海真是個得天獨厚的韓貨城市，許多韓商的營運模式都是將原物料從韓國送到威海加工（畢竟大陸的人工成本還是比韓國要低很多）再送回首爾，也因此最新的韓貨商品也可以在威海找到。

位於山東半島南邊，距離威海約4個小時車程的青島即墨，則擁有江北最大的批發市場。和廣東較少的男裝批發市場相比，即墨服裝市場的男裝不僅量大，而且根據筆者觀察，樣式也和臺灣市場幾無差距；女裝方面，不管是牛仔服飾、休閒服飾檔口數量都比廣東來得多。

到廣東批貨常會有批發商場太多，深怕掛一漏萬的感覺，但畢竟廣東距離臺灣較近，這也是大多數臺灣的業者會選擇廣東批貨的原因；不過若韓貨或特定商品（例如想搶攻較高價的冬裝市場）是你主要的經營項目，而在廣東又找不太到好的商品，那麼筆者建議可規劃一趟渤海灣批貨之旅，至少能給自己開發新商品的機會。即便如此，還是要提醒大家，如果你沒有出國批貨的經驗，而你決定走出臺灣尋找貨源，語言又是你考量的重點之一，那麼建議你還是先以廣東為開始；如果你已經有到廣東的批貨經驗，對大陸有基本認識，又想開發新的批貨市場，那麼渤海灣應該會是你下一個考慮開發的批貨市場。

CONTENTS 目錄

第5章 住宿餐飲篇

第6章 批貨流程解析

第7章 批發市場介紹

第一章

為什麼要到渤海灣批貨？

過去幾年，媒體關注的焦點大都放在北京、上海、深圳等中國沿海三大城市，或是拉到內陸的武漢、重慶等大西部計畫相關的地區，直到2011年底，電視媒體才進入山東即墨，報導中國華北最大的流行批發市場。

其實在媒體開始報導山東即墨服裝市場之前，筆者已經深入山東及遼寧，將華北與東北這個渤海灣區的批發市場從點連結成線之後，拓展成完整的面。

你可能會覺得奇怪，幹嘛沒事要跑到這麼北邊的地方去看當地的批貨市場，其實是有原因的，自從筆者的《2萬元有找，中國批貨》（新版書名：《南中國批貨》）一書出版後，接到不少讀者來信詢問，中國大陸除了華南的廣東之外，還有哪些地方也是批貨的重鎮呢？

其實早在2008年兩岸直航之前，基於時間與成本考量，我覺得只有到廣東批貨比較有利可圖，現在到廣東批貨，除了可循老路（臺灣飛香港再進廣東）之外，也可直接搭直航班機到廣州，省下時間精力。不過對創業者來說，以前兩岸尚未密切交流前，能去廣東批貨的人就比只能在臺灣批貨的人多了貨源，現在大家都能去廣東批貨，這下子去廣東批貨也不稀奇了，所以才會有讀者詢問還有沒有其他地區也是重要的批發中心，這也是這本介紹山東、遼東半島所圈起來的渤海彎批發指南問世的原因。

渤海灣是一個值得開發的批貨市場

大陸的批發市場很大，各地有各自的特色，不過出國批貨，成本還是很主要的考量因素，好比眾所周知歐美的產品很棒，設計感與質感一流，但問題是跑一趟美國或歐洲的成本和所要花的時間都不是一般小型創業者能夠負荷的，再加上語言問題，這時也只好放棄這麼好的貨源，退而求其次在亞洲尋找商品。

廣東是臺灣創業者批貨地點的首選，不過有越來越多的創業者開始詢問，除了廣東之外，大陸還有哪些地方有可能成為下一個具潛力的批發市場？首先，以我對批發市場的條件需求，要滿足以下的條件，才能成為另一個值得臺灣創業者去批貨的批發市場：

1 最好語言相通

2 接近區域流行／時尚中心

3 至少是區域批發中心層級以上

4 該地最好能開發高利潤的商品品項

5 該地最好能開發新商品品項

6 飛行半徑不宜超過臺灣飛東京、首爾的距離

7 有物流系統支援

當然，這只是我對潛力批發市場的基本條件，每位創業者心中可能都對潛力批發市場有不同的條件，不過至少透過以上7點的篩選，可以篩選掉一些不太適合臺灣創業者淘寶的市場。

透過以上的條件，大陸內陸的二線城市，大概從武漢以西就暫時被我們排除在外，因為武漢以西的城市，即使有批發市場，大都屬於地區性的批發市場，當地的流行度追不上沿海大都會區，跑這趟並不是很值得。

韓商重要生產地

反觀韓國首爾一直是臺灣時尚業者很喜歡的批貨城市，不過由於地緣關係，十幾年來，山東的威海和青島逐漸發展成韓商的生產基地，大多數韓商都將服飾布料運到山東，透過當地工廠生產，也有韓國製飾品直接送到威海的批發商場。

縱觀改革開放30年中國大地發展歷程，80年代是以深圳特區為代表的珠三角時代，90年代是以浦東開發為代表的長三角時代，進入21世紀，中國經濟進入環渤海經濟圈時代。同時，國家又提出「東北大振興」戰略，全面振興東北老工業基地,瀋陽的區位優勢明顯顯現。

説到山東與廣東韓版服裝的差別，應該説就是差在布料和尺碼了。業界都知道，通常臺灣的業者會定期飛首爾去挑貨，買到貨後就送到廣東去，這些買到的服裝也就是日後生產的「版」了，接著一、兩週後，廣州就跟著上市這些韓版服裝，只不過就是運用廣東當地布料，除此之外，還有另一個問題，就是生產品質。

我曾和在虎門經營網購的臺灣服裝業者談過，當然這是他私下的抱怨，他每次從虎門的各批發商場批貨回來後，就得和他的客服人員花兩天的時間檢查每一件服裝的品質，然後再將不合格的服裝退回去。「有時候，服裝連左右胸的花紋都對不齊！」他説，只是從臺灣到大陸找貨，一開始就落腳虎門，也不得不繼續下去。

至於山東青島和威海，有不少是韓國人到兩地設廠，除服裝布料來自韓國外，加工品質基本上也有一定水準，這也是山東服裝市場的貨源和廣東不同之處，如果對服飾的布料和檔次有較高需求的人，其實山東的威海是可以去看看。

韓風流行飾品集散地

青島和和廣東廣州、虎門、浙江義烏不同之處在於，如果將大陸北方以及韓國、日本、歐美、俄羅斯、東南亞等國家和地區畫一個大圈，青島可説是中心圈裡最優越的工商城市、通往日韓的航空交通便捷自不在話下，所以也吸引了許多韓國人來青島工作、居住。

根據統計，青島共有工藝品、飾品企業9,256家，韓資工藝飾品企業就有1,400多家。韓國的資本、技術力量加上市場通路，使得青島的小商品、飾品發展別具一格，由於韓國企業的進駐帶動青島本地的上下游產業，像流行飾品配件、專業批發市場等也跟著興起，讓山東逐漸變成頗具韓國特色的流行飾品集散地。

青島在距離威海南方約四小時車程的地方，如果看山東省地圖會比較有概念些。青島可説是山東商業活動與生活環境最活躍優質的地方，和臺灣四面環海，看海是每個臺灣人都有的經驗不同，但在大陸很多人是一輩子都沒到過海邊的，所以説，青島算是大陸少數臨海的一線城市，冬天氣候也沒有其他北方城市那麼寒冷，加上腹地夠大，在青

■公車搭到華陽路就可抵達青島小商品批發城

島市區內有青島小商品批發城，在距離青島市區十幾公里的即墨市也有北方最大的服裝城及小商品城，這兩個批發市場之大，絕對可以滿足「遠道」前往的臺灣業者，畢竟山東威海和青島即墨要供應的是整個山東、河北、蘇北的消費市場。

東北和山東有非常密切的地理與歷史因緣，不論是根據官方的人口統計或是筆者自己的親身接觸經驗，目前東北漢人的先祖，許多都是從清朝開始朝東北遷徙。根據山東省人民政府的公告，清代的山東由於天災人禍，人均耕地嚴重不足，人口大量外移到東北、內蒙，1949年之後，山東人口開始成長，到2011年5月，山東省人口達到9,579萬人，也就是說，1個山東就約等於4個臺灣消費市場。

從氣候來看，山東和韓國屬同緯度，位於山東半島南邊的青島，由於有山脈阻擋，即使1月，也就是全年最冷的月分，月均溫在0度上下，威海1月的月均溫在-1.5度，首爾的1月均溫在-3.6度，可見威海和青島的氣候和首爾幾乎一致。

接著來看看東北三省，過去筆者讀書時學的是東北九省，不過在1949年中國建政之後，東北就改制為遼寧、吉林和黑龍江三省，至於廣義的東北還包括內蒙東部。根據

2010年的統計數字，該年東三省的人口數為1.21億人，也就是將近5個臺灣消費市場，如果將山東和東北兩地合起來看，超過2億人口的市場，加上山東鄰近韓國，東北是保暖服飾的大本營，也是個有獨特商品的市場，特別是高檔的皮衣、皮草、皮草背心、貂毛圍巾、毛帽、皮手套、皮箱包、皮夾及其他各種皮製用品，都能在此找到，對於想做這個市場的業者來說，是個不可多得的貨源基地。

就以筆者自己親身經驗來說好了，東北的冬天肯定比南方的廣東要冷得多，筆者冬天在廣州的站南路、站西路等主要批發商場所能看到的皮衣、皮草或各種皮製用品，量都不多，但在遼陽佟二堡的海寧皮革城，舉目所及，滿坑滿谷的各種高、中、低檔的皮製品，只要你接著往下看，就可以證明筆者所言不假。

不過，筆者也必須先說明清楚，確實，山東加東北這個渤海灣的藍色三角洲批發市場有其獨特的市場特色與魅力，然而卻不太適合沒有到海外批貨經驗的臺灣創業者前往，因為對很多初次跨出臺灣批貨的創業者來說，光是從香港搭A43巴士到上水，再轉搭深九鐵路到羅湖，通關到深圳，再搭廣深鐵路到廣州這麼一段短短的路程，就已經是難以跨越的障礙，而且沿途就算遇到問題，身邊還有很多旅遊或洽公的臺灣人可尋求協助，何況是到一個臺灣人相對少的渤海灣地區。

因此對於渤海灣藍色三角洲這個批貨市場，筆者認為會是個進階版的批貨中心，如果你對韓貨有高度興趣，想開發另一個離首爾很近的韓貨批發市場、想切入高檔次皮製品、時尚男裝或牛仔服飾市場，或各種小家電、電器產品，渤海灣藍色三角洲不失為可考慮的地方。

■威海汽車站旁的時代韓貨尚都有個皮草城

不可不知的渤海灣

敢於跨出臺灣到其他地區批貨考察的創業家，千萬不可憑著暴虎憑河的勇氣，買張機票飛到當地去批貨就好；除了勇氣之外，創業家都需要做好功課才能出門。

首先，如果想到渤海灣這個首爾流行時尚三角洲批貨，會想到的問題可能更多。

1 要到哪些城市批貨？

2 這些城市有哪些商城？

3 不同的商品要在不同的商城採購嗎？

4 怎樣去這些城市及商城？

5 怎樣批購？怎樣付款？

6 怎樣最節省成本？

7 怎樣把批到的商品送回臺灣？

8 有沒有提供批貨相關服務的公司？

相信這些問題都是讓許多創業家在尋找的貨源時會遇到的問題，我也是基於以上的原則幫大家把蒐集、整理各種資料。

當然，出國批貨的成本比在臺灣批貨高，但也比較容易批到臺灣看不到的商品，這年頭生意之所以難做，就是因為商品同質性高，因此，我還是再跟大家說一遍，如果你想到渤海灣流行時尚三角洲批貨的話，請你在出發前先想想好右列的問題：

1 確定自己要做的生意。

2 確定自己要切入的市場。

3 確定所處商圈的競爭態勢。

4 具備看貨的基本知識。

5 確定進口關稅的稅率。

批發商場特色商品

想想看，如果大老遠跑一趟渤海灣區的批發市場，結果買到的商品都大同小異，那又何必一定要跑到這兒呢？很多人可能會想，大多數商品不是都能在廣東批到嗎？這句話一半對，一半不對。

首先，大陸許多業者在廣東有工廠，也可能在長江三角洲有工廠，同樣的，這兩年來，廣東的人力成本越墊越高，傳統產業越來越得不到地方政府的支持，廣東政府採取「騰籠換鳥」政策，意即將當地原本落地生根的傳統產業請走，引進低耗能、對環境傷害少的高科技產業，因此不少臺商開始朝北方或內陸發展，像富士康在山東、河南、山西設廠，甚至包括遼寧，富士康也決定投入10億美元成立汽車零件製造廠，可見北方二線省市的人力成本遠較華南沿海地區要低。

第二，山東、遼寧兩省輻射出去的消費人口極為龐大，山東省人口總數9,500萬人以上，遼寧4,300萬人，山東鄰近的河北省有7,100萬人，遼寧之外的吉林有2,700萬人，黑龍江也有3,800萬人，東北三省的消費人口也有1.08億人，光加上山東就超過2億人的消費力，我自己親身體驗是這兩大城市的批發市場人潮中外地人占了非常高的比例，在青島的中國即墨服裝批發城，甚至也能看到遠從福建石獅、湖北的零售商搭車遠道而來，大家總是希望能夠多看些新奇的貨。

即墨的中國即墨服裝批發城裡也闢出一大

■即墨服裝批發市場是華北最大的服裝批發市場

■威海到處都是韓文招牌

塊韓國服飾專區，以及皮草、皮衣、皮件等時尚商品，甚至牛仔裝也比我在廣東看到的更多、更集中，特別是女用牛仔褲，時尚感與時髦度絕對不比臺灣落後。

至於威海，因為威海是大陸距離韓國最近的海港，過去就有很多韓國廠商或個體戶來到威海開廠生產，一部分貼牌做內銷，一部分回銷首爾，所以威海可說是中國城市中最為韓化的城市，在威海確實也能找到非常多與首爾幾乎同步的流行或日常生活商品。

至於位於東北交通的輻射中心瀋陽及旁邊的遼陽，我覺得冬季的服裝、皮草、皮件、溫寒帶生活用品是其核心產品，因為東北冬天冷，保暖服裝在當地是生存的必備品，像女用的保暖褲幾乎都是從瀋陽五愛市場出去的，不少臺商臺幹每次要回臺灣前都會順道去買一些當地才較容易買到的保暖衣褲，畢竟這類產品還是當地做得好，這幾年臺灣冬天在寒流南下時也是凍得讓人吱吱叫，這類的產品在臺灣就會賣得不錯。

當然高單價、高毛利的還是以皮草、毛皮、皮件等商品為主，這類商品要批就得去遼陽的佟二堡海寧皮件城，皮草銷售在中國大陸現在正是火紅，大陸過去有一句順口溜「女人一輩子一定要有一件羽絨衣」，現在這句話已經變成「女人一輩子一定要有一件貂毛」，大陸說的貂毛就是臺灣說的皮草，當然，好的皮草價格不菲，也許不是每個人都能做得起這一塊市場，但即使不是大件皮草，也有其他貨真價實、價格低廉的純毛帽，如果趕在淡季去，還可以拿到不錯的價格喔！

說了這麼多，你是否對到渤海灣城市批貨躍躍欲試呢？在收拾行李動身前往渤海灣之前，等一等，讓我先告訴你一些有關渤海灣的事情吧！

地理位置

首先，大多數臺灣人可能都對長江以北的中國大陸不熟悉，我建議大家查看地圖，看一下臺灣、上海、青島、威海、北京、大連、瀋陽和首爾的地理位置，就會比較有概念。如果從臺北（通常在民航機場的用語上，臺北往往就是指桃園國際機場）起飛，以直線距離來看，到上海最近，接著是到青島、首爾，接著是威海、北京、大連，最後則是瀋陽。

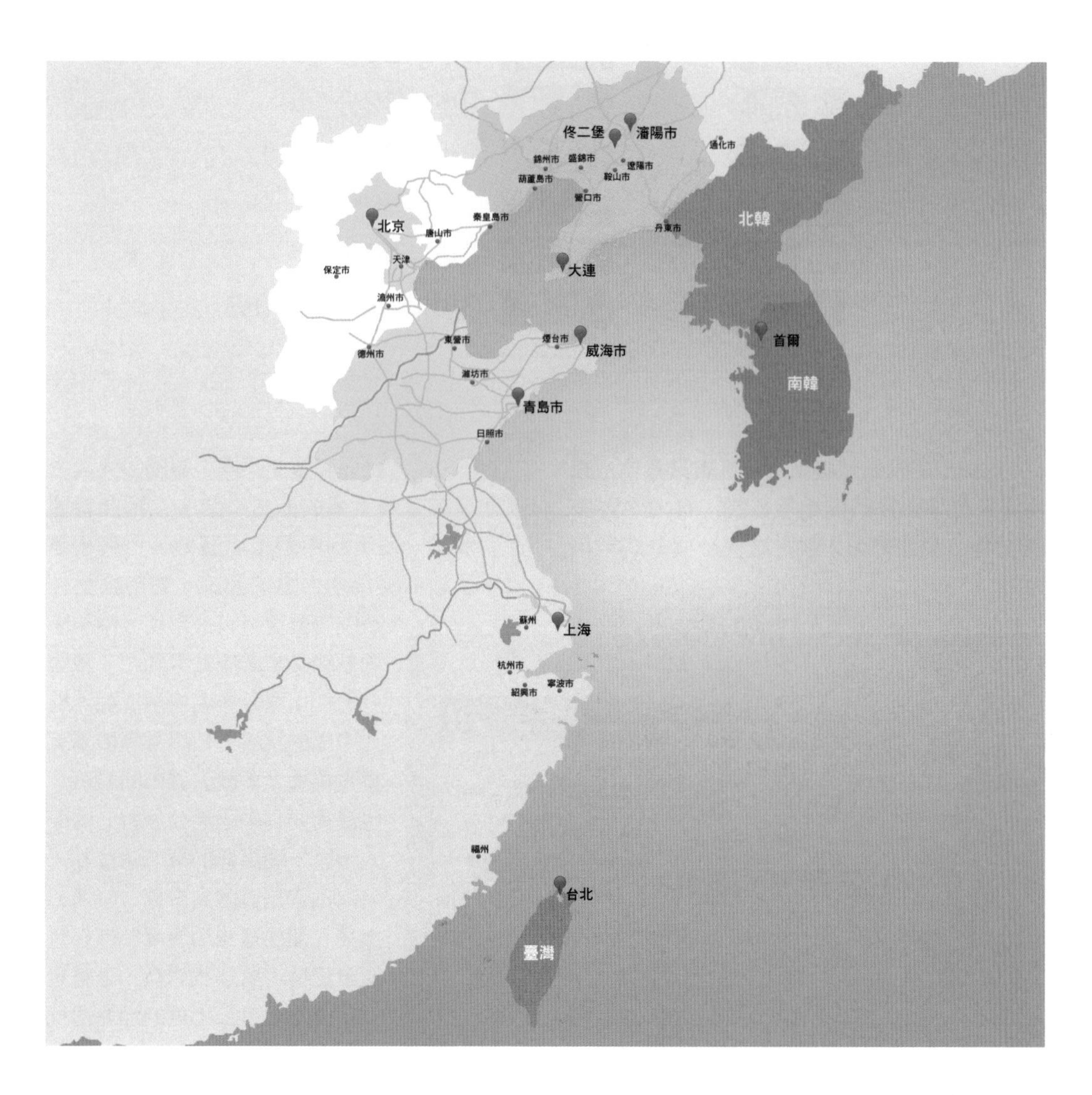

現在有了直航包機後，兩岸之間的交通真的變得很方便。接下來我們來看看臺北到以上各城市的飛行時間。這裡要先說明一下，不同航空公司的航班飛行路線會有差異，不過根據我的實際搭乘經驗，大致就是這樣的飛航時間，讓我由近而遠排列從臺北前往以下城市的搭機時間。

出發	目的地	時間
臺北	上海	1小時50分～2小時
臺北	青島	2小時25分
臺北	威海	2小時42分
臺北	首爾	2小時30分
臺北	大連	2小時50分
臺北	瀋陽	2小時50分
臺北	北京	3小時～3小時10分

從以上的飛航時程來看，其實飛青島、威海跟飛首爾所需時間相差無幾，飛瀋陽則多20分鐘，說起來可以說是在同一個飛航半徑內。

坦白說，韓國和臺灣不同，韓國跟大陸之間並沒有背負太多的歷史糾結，也因此韓國是亞洲第一個看到中國市場潛力，也積極運用中國經濟發展的力道的國家，當中國對外航空聯繫還沒有很密切，中國國內航線又常常誤點等問題，韓國就把仁川國際機場轉型成亞洲進入中國的跳板，仁川國際機場有直飛中國大多數大城市的航班，也讓需要到中國洽公旅遊的國際人士有一個更好的飛航選擇點，所以不管是首爾到青島、威海、大連、瀋陽這些渤海灣城市都有直飛班機，所以我認為，去首爾批貨後想順道去鄰近的渤海灣批

■臺北飛瀋陽的班機以大陸航空公司居多

發城市考察的臺灣創業家，都很方便。

當然，如果你沒有那麼多時間在到首爾批貨後又跑渤海灣，那麼我的建議是找個時間先去看看，再決定是否將渤海灣定為日後的貨源基地。

所謂的渤海灣其實是指的是被山東、河北、遼寧三省環繞的一片海域，攤開地圖來看，南韓和山東是在同一個緯度上，如果以青島、威海、瀋陽這三個渤海灣主要批發城市來看，青島的氣候較溫暖一些，距離青島3小時車程，位置較北的威海，在同樣月分時會比青島涼爽一些。

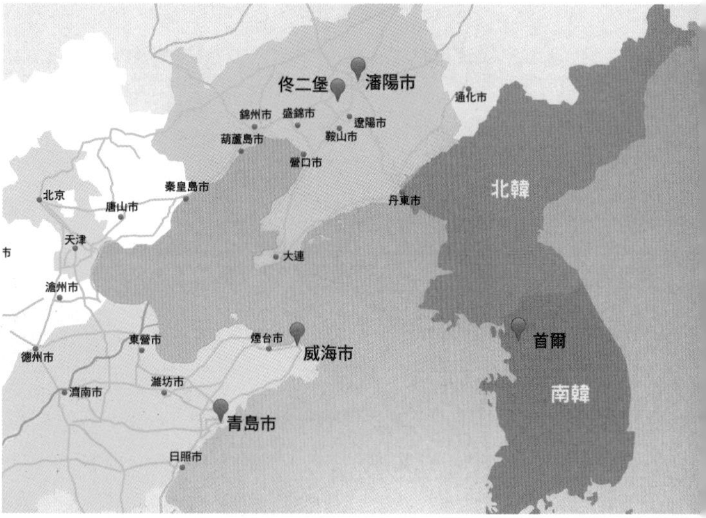

氣候

青島、威海的氣候應該是這三個城市中較舒服的，最熱的月分是8月，最冷的月分則落在1月，不過即使最熱的8月也比不上臺灣的濕熱，至於最冷的1月均溫是零下0.9度，當然比臺灣要冷，不過還沒有冷到令人難以接受的地步；至於全年的降雨月分則集中在7、8月，3、4月的春天則沒有什麼雨，真的是像大陸俗諺中所說的「春雨貴如油」，就是形容春天是播種需要雨水的季節，偏偏老天在春天卻沒有太多雨水的意思。

也許對大陸有點印象的人會問：「濟南不也是挺大的批發城市嗎？」是的，濟南是山東省會，本身就是個很大的城市，濟南也有批發商場，不過我個人覺得濟南的批發商場在山東算是第二級的商場，並沒有青島的即墨來得大，品項也沒有青島、威海流行，因此以時間成本來看，我比較不建議跑濟南，也因此本書並未將濟南列入批貨的城市。

青島、威海都有海洋型氣候的特徵，除了緯度比臺灣高之外，和臺灣的氣候特徵沒有太大差異，夏天雖然也會熱，但夏季並不長，而且夏季一天當中，大約就是上午10點到下午3點會比較熱，在10點前及3點後，陽光沒有那麼灼烈。

另外和臺灣差別較大的，大概就是秋、冬兩季。青島的秋天很涼爽，威海的秋天則更涼一些，不過秋季短，通常只要幾個寒流一來，季節就進入冬季了；至於冬季，按照統計數字來看，算是一年中最長的季節，但以臺灣人的角度來看，我比較不擔心冬、夏兩季，因為這兩季，臺灣也是一樣處於熱與冷的季節，去批貨或考察，不用額外準備服裝；最麻煩的是春、秋兩季，這時候的天氣比較難掌握，而且跟臺灣當時的氣溫相比，

■大陸北方的氣候人文都和南方明顯不同

感覺上會來得低不少，在臺灣可能穿短袖，但在當地卻需要穿外套或夾克，否則肯定感冒，所以我建議如果是這兩季去的話，最好至少還是帶件外套。

至於已經屬於東北，和美國麻州波士頓同緯度的瀋陽，氣候屬於溫帶氣候，每年10月中旬過後，氣溫就開始下降，12月只要溫濕度配合得宜，就可能開始飄雪，這一點是長年處在亞熱帶的臺灣人較難忍受的。

我在10月下旬到瀋陽時，只要當天不是晴天，氣溫就降到十幾度，風吹起來可真是「冷涼卡好」，清晨氣溫則下降至4、5度，我穿的「POLO 羅夫勞倫（Polo Ralph Lauren）」斜紋布外套（而且還有棉內裡）在那十幾天一點都不管用，由於同一時間臺北氣溫還在27度以上，所以也沒有帶太多厚衣服，最後只好把長袖的Polo衫繞在脖子上當圍巾，才感覺沒那麼冷，不過最後還是帶著感冒回臺灣。

越往北方走，你越會發現北方人對房屋面向南方這件事很在乎，現在酒店都會有冷暖空調，因此不用太擔心夏天住酒店會沒有冷氣這件事。我覺得對南方人來說，應該要多注意冬天到北方的衣與行這兩方面的問題。

大陸北方的房子都會有中央供應的暖氣（當地人叫「供暖」），「供暖」這件事在會下雪的地方都是很重要的事情，因為如果沒有供暖，可是會出人命的，所以即使窮困人家付不出供暖費用，一般暖氣公司都還會給一、兩週的寬限期。

比起南方，瀋陽算是較乾燥的城市，春裝（即薄棉衣）可以從3月開始穿到清明節（約4月），這時候算進入春天。短袖衣服平均可以從5月穿到8月，8月底就開始入秋，到10月底就算進入冬天，一直到隔年的3月。

通常冬天一個月會下一、兩場雪；冬天雖然冷，不過東北的房子牆壁很厚，而且只要是室內就一定有暖氣，不管是走廊還是廁所都一樣，另外就是冬天外頭是大雪紛飛的零下氣溫，瀋陽的各種建築，不管是百貨公司、餐廳、學校或批發市場，室內溫度一定維持在20度以上，所以瀋陽人，或者說東北人冬天的習慣是穿一件保暖的大衣，一進室內就把大衣脫掉，裡頭穿的不厚，如果裡面也穿得很厚，那進室內後反而會太熱而難受，這一點是臺灣人冬天去瀋陽批貨時，穿著上一定要注意的重點。

冬天去渤海灣區批貨的話，在服裝上記得要帶外套、圍巾、手套和帽子等禦寒裝備，至於穿著方式，洋蔥式穿法（底層透氣、中層保暖、外層防風的多層次穿著）很適合當地穿著。春、秋兩季的話，建議還是要帶一件夠保暖的外套加上一條圍巾，當然，另一個最簡單的辦法就是在現場買一件，反正你已經到了批發商場，不論是買了應急，或是挑件可以回來穿的，都很方便的。

山東省乍看之下，很像一支胖胖的煙斗，威海就位在煙斗嘴的位子，青島則是在煙斗的底。威海是中國距離韓國最近的城市，這也是為何威海也是中國第一個和韓國首爾開通航空班機，以及與仁川港開通渡輪的城市，天天都有航班往返，單程飛航時間2小時10分鐘，也不算遠，搭渡輪的話，晚上8點發船，早上8點抵達，在船上睡一晚，等於省下寶貴的時間。

東北和山東最近的省分是遼寧，遼寧又以大連離山東最近，因此從大連搭渡輪到山東的威海或煙台是最方便省時的交通方式，這一點將在交通篇中詳加說明。

兩岸不同小地方

臺灣人剛到大陸，如果認識一些當地人（特別是北方人）的話，可能會常聽到他們還是很習慣將中國節氣掛在嘴邊；像我常在10月中旬去北方，有一天在酒店看電視，剛好當天是「霜降」，新聞特地播出霜降當天中國各地的氣象與農業概況，而且當天河南一些地方還真的開始下霜了，但是前一天我在鞍山時還天氣溫暖宜人，甚至有點熱，隔天到瀋陽就像臺灣的寒流報到，所以如果你是過年前到大陸北方，聽到大家都要喝臘八粥這個臺灣好像30年前還聽過的名詞，可別太驚訝了，畢竟大陸幅員廣大，很多地方的氣候變化還是很符合農業時代的節氣，而且大陸民眾在觀念的現代化方面，還距離我們的想像有一大段距離。

山東、遼寧省天氣預報網站

到華北、東北地區批貨，最重要的是注意天氣變化，避免感冒，因此我建議幾個氣象網站，雖然是簡體版的網站，但天氣資訊比較豐富，畢竟臺灣對大陸的氣象資訊不夠充足，預測天數也不夠多。

這個中國天氣網是個不錯的氣象網站，它包含全中國各城市的氣象，在網頁上一般是顯示3天的天氣預報，但只要點選右邊的「未來4-7天天氣預報」，就可以看到等於是未來一週的天氣預報了。

更棒的是，中國天氣網的網頁下方還會有「今天生活指數」，可以看到空氣污染擴散指數、紫外線指數、穿衣指數、雨傘指數等南方人到北方出差、旅遊時，出門前蠻需要的建議。

【中國天氣網】www.weather.com.cn/static/html/weather.shtml

進入首頁後，可看到一張中國地圖，只要滑鼠滑到想查詢的省分，點擊後就會出現該省分的全地圖，接著再點選想要查詢的城市即可。

當然依照中國的城市級別，一個大城市還包含幾個衛星城市，例如大青島市除青島市之外，還有即墨市、萊西市、平度市、膠州市、膠南市。

為了幫讀者節省時間，我將渤海灣主要的三個批貨城市的氣象網頁羅列出來，這樣可幫大家節省搜尋時間。

【青島市天氣網】www.weather.com.cn/weather/101120201.shtml?from=cn

【威海市天氣網】www.weather.com.cn/weather/101121301.shtml

【瀋陽市天氣網】www.weather.com.cn/weather/101070101.shtml?from=cn

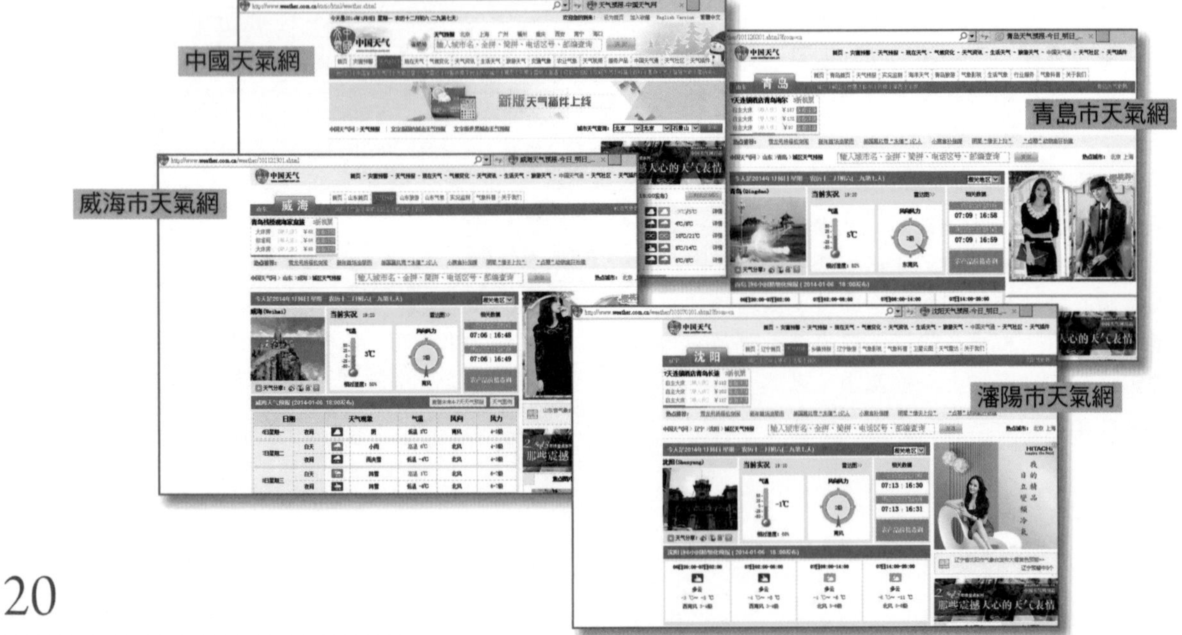

物價

有關於青島、威海、大連、瀋陽等地的物價問題，我覺得青島的物價較高一些，但我覺得只有「高一些」，畢竟我們不是長期住在那裡的居民，並沒辦法很精確地感受到柴米油鹽醬醋茶這些日常生活開銷的漲幅，不過我們可以感受的是批發市場周邊食衣住行這方面的物價。

去大陸批貨，花最多錢的地方就在「交通」跟「住宿」上，以上4個城市我都住過好幾次，比起北京、上海、深圳、廣州的住宿經驗，我在青島、威海、大連、瀋陽投宿的飯店中，一晚價格最貴的是在瀋陽五愛市場附近的一家商務飯店，價格是人民幣148元，較便宜的是住在青島火車站旁邊、人民幣128元一晚的飯店。

當然我還曾在大連住過最便宜，但比較不適合批貨客住的公共衛浴設備的客棧，一晚人民幣50元！那是在大連西安路附近的住商大樓裡，當時我也是看到一塊招牌寫著「一晚50元」，當時已經晚上10點，還拖著行李

■五愛市場的星級酒店蓋得真是宏偉壯觀

在路上走，路上沒什麼人，我心想得趕快找個地方落腳，就上樓去問了一下，覺得還可以，就付錢登記證件。

至於交通的開銷部分，青島、威海、大連、瀋陽的計程車起跳價平均都是人民幣8.5元，公共汽車則是人民幣1元，很多路線都是1元到底，但如果是到周邊城市的話，當然就會貴一些，這部分我會在第三章的〈交通費用〉單元中詳細説明。

飲食部分，除非是常住在大陸的臺商、臺幹，基本上我還是用到大陸短期出差的角度來看飲食問題。在大陸批貨期間，因為有些地方不是都有麥當勞、肯德基，有時就得吃當地小餐館，這也考驗臺灣人的胃了，特別是大陸無所不在的地溝油（比臺灣20年前的餿水油還要暴強的另一種回收油），更是讓人吃得不安心。

我覺得在飲食部分，可明顯感受到整個大陸只要有點像樣的自助餐廳或餐廳，餐點的價值都比不上其價格（C/P質很低的意思啦）。先以麥當勞、肯德基來說，同樣的餐點都比臺灣要貴；至於一些自助餐廳或麵店

■這碗炸醬麵完全打破我對山東炸醬麵的期待

■這是和首爾煮蠶蛹相反的炸蠶蛹，真是好吃

提供的餐點價格也和臺灣相差無幾，甚至比南臺灣的餐點都要貴，但作法、口味卻比不上臺灣的店家，這也是普遍的事實。

出門在外也只能「吃個粗飽」，所以不能太挑，不過我在瀋陽五愛市場的熱鬧路上也吃到「好料」，我曾在下午走進一家餐廳，看了牆上的價目表，點了我生平從沒吃過的菜「炸蠶蛹」，跟首爾街上常見的煮蠶蛹不同，炸的蠶蛹看起來比較容易入口，從顫抖地動筷到一口接一口，炸蠶蛹真的挺好吃，飽含蛋白質，價格也平平。也許有機會到瀋陽五愛市場時，也可以利用午餐時間去找找看餐館有沒有炸蠶蛹這道菜。所以說，有價格較高的餐廳，也有價格一般的小館子，就看自己的選擇了。

電壓與電源

大陸的電壓是220V，和臺灣的110V不同，不過現在的充電器多半已是全球通用，也就是說可容許的電壓範圍為110V～240V，只要查看充電器背後的說明就可以了。

一般大陸飯店都有臺灣常用電器插頭用的插座，不過由於一個房間內的插座都有兩種以上的插頭形式，可能適合臺灣電器插頭的插座只會有1～2個，所以我建議只要一回到飯店，該充電的電池就趕快拿出來充電，才不會隔天沒有足夠的電池可用，更好的解決辦法是帶著三向插座去，這樣就可以同時給手機、相機、平板電腦或筆記型電腦充電了。

需要買大陸手機話卡嗎？

如果你在大陸批貨期間需要經常跟臺灣聯絡的話，那我建議還是買一張當地的手機話卡會較方便，因為如果用臺灣手機門號在大陸漫遊打當地電話，每分鐘要人民幣5元左右，而且聽語音留言算漫遊，別人語音留言給你也算漫遊，可想而知，打回臺灣的話，漫遊費肯定更不便宜。

還有，現在幾乎人手一支的「愛瘋」，或是搭載Android作業系統的智慧型手機，都有無線上網功能，而且這些智慧型手機真的「很聰明」，常常在使用者沒注意到的情況下偷偷連上網，我有朋友買了支智慧型手機，有天開機後看到有個3G的符號閃呀閃的，他突然想到「好像有人用智慧型手機上網，隔月手機帳單上萬」這樣的新聞，趕快把3G功能關掉，結果隔月收到帳單，還是看到一筆50多元的上網帳單，仔細一看上網時間30秒！所以大多數吃過無線上網的虧的使用者都建議，如果要出國，不管是去大陸還是其他國家，出發前，最好先去自己的電信服務商問清楚自己當初簽的是什麼樣的資費合約，當然還有另一個辦法，就是帶一支不能上網的手機。

很多人一聽到大陸的手機話卡就一個頭兩個大，因為大陸比臺灣大太多，每個省都有各自的電信公司要收費，使用者一離開買卡的縣市，就算漫遊，所以很多人都不只一張手機卡。

大陸的手機話卡很多種，不過基本上大多數人都使用兩大電信公司（中國移動、中國聯通）的資費方案，不過不僅不同電信公司費率不同，即使同一家電信公司在不同城市的費率也不同。

善用即時通省大錢

如果只是為了跟家人通話，或者不是很緊急的事情，其實我還是很建議用即時通軟體，像我現在每天開機就會順道打開大陸最常用的即時通騰訊「QQ」，「Skype」也可以用，不過我用這些即時通軟體的經驗，QQ的視訊功能很不錯，不會「累格」，聲音也很清晰；至於Skype也可以視訊了，這都是省錢的好方法，當然，前提是你還得帶著筆記型電腦，當然平板電腦更輕薄短小，帶著出國也不會有太重負擔。不過有一點要很注意，大陸的連鎖平價酒店都是使用一根粗粗的寬頻纜線作為顧客上網的工具，因為我都是帶著筆記型電腦去大陸考察，筆記型電腦都會有寬頻上網的接頭，所以上網不會是大問題，但如果你是帶平板電腦去批貨的話，就會有不能上網的問題了，這一點特別要注意。

在大陸買手機話卡，還是買不需要證件的易付卡（也就是臺灣的預付卡）比較方便，中國移動的「全球通」或中國聯通的「世界風」，這兩種資費方案都是可以在大陸漫遊、臺港澳漫遊和國際漫遊，如果是定期要到大陸，又希望這個大陸手機門號能夠接大陸打來的電話，那可以買「全球通」或「世界風」；如果只有打回臺灣的需求，那可以考慮買中國移動的「神州行」的暢聽卡，像我都用簡訊和臺灣的家人聯繫，我就買中國移動的「動感地帶」，因為「動感地帶」有各種針對簡訊的優惠方案。

批貨有急需，提款卡開通海外提款較便利

有關能帶多少錢去大陸批貨這件事，其實問題還是出在安不安全上，因為跑一趟渤海灣的成本比去廣東要高，因此最好一次去能夠多批些貨回來。

現在和2008年之前不同，現在臺灣的銀行已經能夠直接兌換人民幣了，這真的是方便許多，從前的作法不外乎新臺幣換成港幣或美金，到大陸後再換成人民幣，或是在臺灣的黑市直接換人民幣，不過第一種作法的壞處當然就是兩次兌換的匯率損失，第二種作法則是不容易找到管道，如果以法律的角度來看，現在都沒有這些問題了。

雖然說也可以先在臺灣買美元旅行支票，到大陸後再到當地的銀行或有掛匯率牌價的飯店兌換，不過通常想要有掛匯率牌價的大多是四星或五星級以上的飯店，你如果不住那兒，櫃檯是不會換給你的，但五星級飯店住一晚可要不少錢，為了換美元旅支反而花大錢住高檔飯店，算盤怎樣撥都不覺得划算，所以也只能到銀行去換了。

開通「國外提款」

出發前，先在臺灣開通「國外提款」的功能；也就是要先在發卡銀行的自動提款機設定提款卡的（1）海外提領功能，以及（2）提款卡磁條的四位數密碼。

另一個方法就是開通臺灣提款卡的國際提款功能，在大陸通常只要銀行的自動提款機有「PLUS」或「CIRRUS」字樣，就可以用臺灣的提款卡直接提領人民幣。

但還是有人抱怨到大陸旅遊，事先這些手續都做足了，到了當地的銀行自動提款機就是提不出錢來。我想問題可能是，在大陸，如果是銀行分行的自動提款機應該有提供跨國提領服務，但如果是在較小的支行，那就要碰運氣了，這可能是支行的自動提款機並沒有做到這部分服務的聯網。不過大都市的銀行，不管是分行或支行，就都有提供跨國提領服務。

另外一個問題要注意的，就是一次提領上限為人民幣2,000～2,500元，每台自動提款機的一次提領上限也沒有全中國統一，這要看當地的設定，但基本上沿海大城市應該都可以提到人民幣2,000元。

而且，臺灣的提款卡在海外的自動提款機提領當地現鈔，每提領一次，臺灣的存款銀行都會自動收取一筆手續費，並加上1.55%的提領手續費，這兩筆費用也會因不同的銀行而有不同的比率，如果一次都是提領人民幣2,000元，不同銀行間的手續費大概就差新臺幣幾十元。

現在越來越多批發市場都開始和銀行合作，在賣場內就有銀行服務，可說是越來越方便，但再怎樣方便，都比不上臺灣連便利商店都能提款的方便。不過如果到山東和瀋陽批貨，最好在投宿飯店附近的銀行先提款，這樣比較保險。

第二章 批貨事前準備功課

這幾年下來，跑廣東批貨已經不再像過去那麼神祕，有讀者帶著拙作《南中國批貨》（原書名：《2萬元有找，中國批貨》）前往廣東按圖索驥，連馬來西亞的讀者也來信討論到廣東批貨的問題，現在我在幫臺灣創業家開發新的商品來源時，都會不斷思考：究竟什麼樣的批發市場較適合臺灣創業家？

現在貨源真的不好找，中國大陸本身是個超大型工廠，不管是到廣東還是任何地方，最好都要先確定自己要做哪一門生意，才不會去到現場看了半天還是不知道自己要什麼，或是找不到自己要的。

去渤海灣批貨幾天最適合？

我在拙作《南中國批貨》中提到去廣東批貨，一般可以規劃5天行程，《韓國批貨賺到翻》中的首爾批貨則是3天「鐵人團」的行程，至於到渤海灣批貨應該要幾天呢？坦白說，這一點還滿難說的，因為渤海灣和廣東批貨最大的差別就在「批發市場間的距離」；渤海灣主要的批貨城市分布在山東和遼寧兩個省，中間又隔著渤海，往來這幾個批發市場間的交通時間將會占掉批貨的天數，這也是我覺得比較難估算批貨天數的原因。

有鑒於此，我覺得到渤海灣批貨，最好是分成2次的行程，第一次是探路之旅（也就是大陸說的「踩線團」），把所有的批發商場

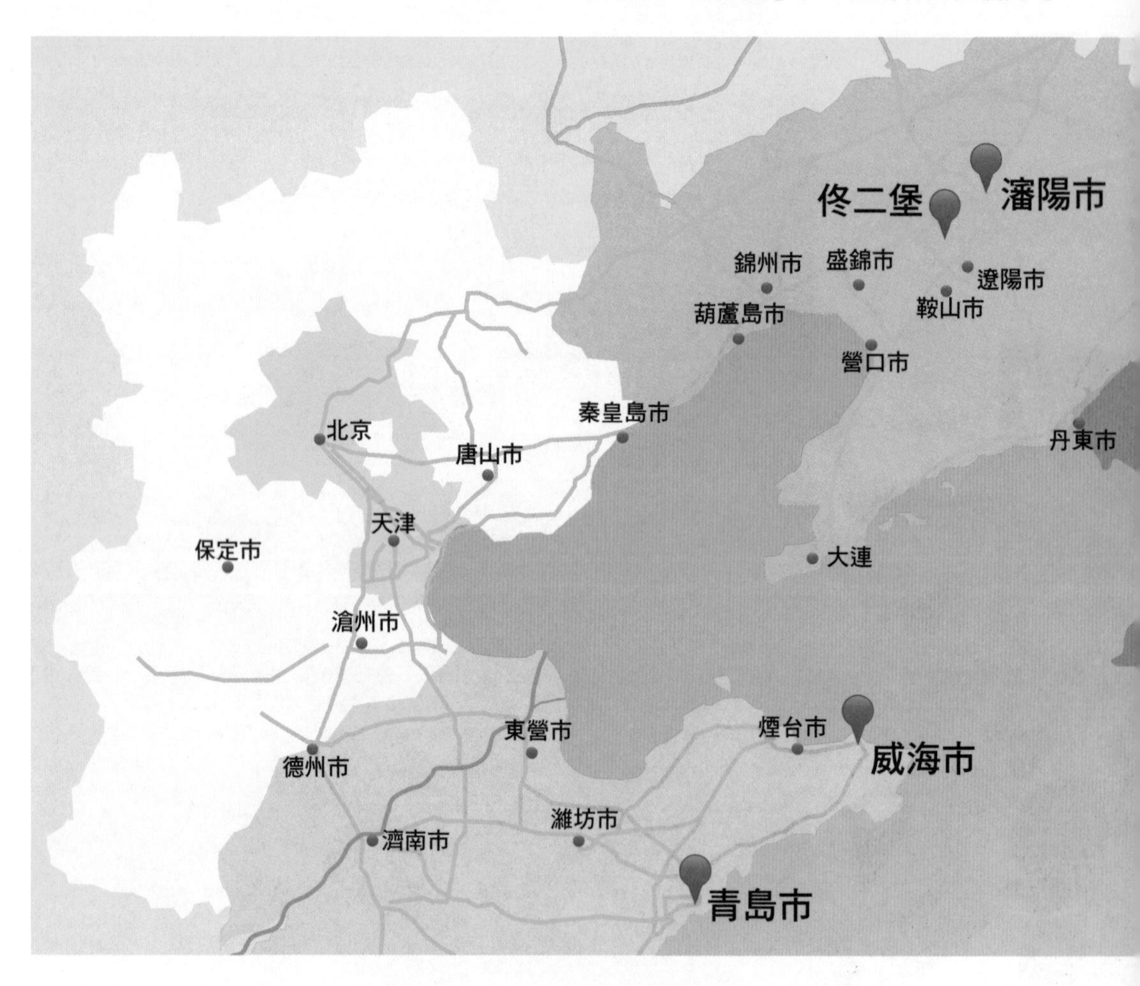

都跑一遍，盡量蒐集店家的資料，不論是批貨條件、單價、呎碼、樣式、顏色、聯絡電話等，最好一次都問清楚，所以建議如果時間夠，最好把青島、威海、瀋陽、佟二堡都跑一趟，可想而知，光是每個城市待兩天，加上前後兩天的兩岸往返飛行，合計起來就要10天。

當然，如果實在是擠不出這麼多時間跑這一趟的話，建議可根據自己開發產品貨源的需求先跑山東（威海、青島）或遼寧（瀋陽、佟二堡），考察過後，自然就知道哪邊的商品適合自己的營業，日後即可按照時間與商品的需求，選擇單跑一地，或是兩邊進貨。

如果是分兩次去考察兼批貨的話，一趟的行程抓7天，這樣的話比較可行。當然如果想一口氣把2個省4個城市都跑一趟，我覺得當然也好，因為這樣可省下最貴的機票費用。

第一次去渤海灣批貨，記得預留緩衝時間

其實這件事也算是老生常談，通常第一次離開臺灣到大陸批貨，不管是最近的深圳、虎門、廣州，還是一口氣飛到青島、威海，甚至瀋陽，如果預估要花5天批貨，我建議多加2天，因為前後2天大多花在交通上，就算最後一天起早一點還可以有半天的時間批貨，但第一次去就給自己多個2天的緩衝時間會比較好。

這兩天的緩衝有何用途呢？用途很多，因為是第一次去渤海灣城市批貨，交通方面可能會有各種意想不到的情況，或是交通時間超過預期，或是去到現場後發現需要多留一天多看產品等，這些情形都有可能發生，因此預留2天的緩衝，才不會有時間不夠用的情形。

渤海灣批貨，每天請提早出門

中國大陸的南方和北方，不管是天氣、地形，還有人際互動，都有不同之處，到廣東批貨，大都可以按照公務員的作息，那就是早上9點到商場即可，反正早去也沒用，因為商場9點才開門營業；不過北方的批發市場會跟著季節調整營業時間，通常夏天會早點，冬天晚一點，但都還是比廣東批發市場的營業時間要早。

夏季時，北方的有些批發商場是早上5點就開門營業，下午3點半～4點就準備打烊了，冬季則是早上6點營業，下午4點半打烊，像瀋陽的五愛市場針織城早上6點就開始營業了，到下午3點半以後，還是有檔口開著門營業，但也有一些檔口已經拉上鐵捲門回家了，這一點真的和廣東不一樣，這是和北方緯度高，冬季時下午4點多天色就開始轉暗、氣溫開始下降有很大的關係。

另外我也觀察到一點，如果是在廣州、深圳、瀋陽、北京、杭州等大城市的批發市場，因為消費者也會利用時間去淘寶，所以這些大城市批發市場的檔口會營業得較晚，特別是週末，像瀋陽五愛、威海韓國城等批發市場裡頭總是人山人海，不過像青島主要的批發市場，像中國即墨服裝市場和即墨小商品城距離市區較遠，一般消費者就少很多，也因為這樣，檔口老闆告訴我，最好一早就來，因為下午有些檔口都休息了，當然也不是說下午去就沒得挑貨，但早點去還是比較好，因為能夠看到所有檔口的產品，不是嗎？

■早上到五愛市場批貨可避開一般消費者

如何準備個人行李？

到渤海灣批貨，我覺得最大的問題是貨運問題，因為在北方，批發市場的貨運多半以當地或山東、河北、東三省、內蒙、河南等北方各省為主要的貨運路線，當然也發貨到浙江、福建的路線，不過發貨到臺灣的貨運公司就少了，這也是很多臺灣創業家不太敢，也不太願意跑長江以北批貨的原因。所以如果想要到渤海灣批貨的創業家，在行李打包上要費點心，像我每趟去，行李越帶越少，留下多餘的空間就可以自己帶商品回來。

現在航空公司經濟艙大概都是隨身行李1件（限重5公斤）、託運行李1件（限重20公斤），基本上不要太離譜，航空公司是不會說話的。

證件一定要影印2份

這裡還要交代囑咐一件事，那就是去大陸最重要的護照和臺胞證，相信大多數人第一次不跟團出國時，因為沒有領隊當保母，所以對自身證件肯定非常小心，不過有時出國次數多了，反而容易覺得掉證件的事肯定不會發生在自己身上。

我只要出國，一定事先影印2份護照（去大陸也加印臺胞證），以及另外攜帶兩張證件大頭照，一份放大行李箱的夾層，一份放隨身行李或隨身包包內，白天出門批貨洽公絕對不帶正本的證件，即使飯店沒有保險箱，我也會把正本證件放在上鎖的大行李箱內，因為至少我知道平價連鎖飯店的打掃人員不會動手偷旅客的行李，所以證件放在行李箱裡還算安全。

萬一不幸證件丟了，只能盡快把事情處理好，也就是補辦「一次性臺胞證」想辦法先離開大陸，回到臺灣後再重新申請新的臺胞證。

遺失臺胞證的補辦手續

先到遺失證件城市的當地派出所，辦理書面的「臺胞證報失證明」，或是到當地公安局分局的外事科辦理「遺失證明」。

有了證明後，拿著這些書面證明到當地公安局的「出入境管理部門」，辦理「臨時臺胞證」。

一般情況，大城市的公安局（警察局）可以辦理補辦臨時性臺胞證的相關業務，公安局裡也有「簽證處」，也就是說，在公安局就可以完成補辦一次性臺胞證的手續，這樣才能夠拿這本臨時證件出關搭機離境，等回到臺灣後再辦理臺胞證遺失補發。

但如果你沒有護照和臺胞證影本，光是證明自己身分可能就要傷透腦筋了，所以我才說要準備好相關證件的影本，寧可事前費點心，也不需要事到臨頭才怨天怨地。

另外，在本書附錄附上大陸各地臺商協會及當屆會長的聯絡電話，如果會長換人了也沒關係，通常打電話過去，都是協會秘書接的電話，所以只要請秘書轉告會長或秘書長你出了事情，他們會很願意告訴你該怎樣辦理的。

批貨城市公安局聯絡資料

青島市公安局出入境管理局

地址：青島市寧夏路272甲
電話：（0532）6657-3200、（0532）8579-2710
公交線路：（逍遙路站下車）11路、202路、205路、226路、301路、309路、320路、369路、379路

威海市公安局出入境管理處

地址：威海市環翠區重慶街111號,市公安局西門
到達方法：無公車直達。搭計程車告訴司機到大市公安局即可。
電話：（0631）527-2254、519-2175

瀋陽市公安局出入境管理處

地址：瀋陽市皇姑區北陵大街47號
電話：（024）8689-7952

批貨所需配備

■ 一雙好穿的鞋

到哪裡批貨都需要一雙好穿好走的鞋子。穿厚底的鞋子去渤海灣批貨，好處除了走久了會比薄底鞋來得舒服外，秋、冬季節去渤海批貨，穿厚底鞋可以讓腳不會那麼凍，這是去廣東批貨所不會考慮到的因素。

■ 可以海外提款的提款卡

到大陸批貨，信用卡比較重要，還是提款卡比較有用？我認為提款卡比較有用。在大陸能刷信用卡的地方，多半是四星級以上的飯店、高檔餐廳、百貨公司、機場免稅店，剛好這些都不是批貨時會去或會花到錢的地方；有一次我在廣東惠州的百貨公司臨時要買東西，拿花旗信用卡刷卡，結果刷不動，後來反而是拿了中國信託刷成功，所以即使花旗信用卡在全球的知名度比中國信託大，但由於信用卡本身是臺灣的花旗銀行發卡，有沒有跟大陸當地銀行已經簽訂合作協定則不得而知。所以如果方便的話，帶2張信用卡去也會比較保險些。

另外，不管是搭火車、巴士、渡輪，買貨、吃飯、住宿或其他可能花到錢的地方，都需要用現金，所以我覺得提款卡比信用卡來得有用。

目前國內中國信託銀行、中國商銀、第一銀行、國泰世華，還有玉山銀行的提款卡都可以在大陸的中國銀行、建設銀行、交通銀行、招商銀行與農業銀行的自動提款機提領人民幣現金。

提款卡和當地自動提款機都要有「PLUS」或「CIRCUS」的標誌，而且出發前記得一定要確定銀行戶頭有足夠的存款。

■ 計算機

去批貨一定要帶計算機，因為有太多數字要計算了；例如，跟老闆討價還價時，還需要換算人民幣與新臺幣，再加上成本與售價間的利潤值，如果心算不夠強，就得靠計算機來幫忙了。不過現在手機裡都會有計算機功能，特別是智慧型手機，計算機字型、按鍵都好大，非常好用，這樣也可少帶一台小計算機。

■ MP3（MP4）或數位錄音筆

別太相信自己的記憶力，在批貨時有各種資訊需要記錄下來，像是檔口名稱、檔口在賣場的位置、商品特色、價格、批貨條件、老闆個性，或任何你覺得重要的資訊，最好在一離開檔口時馬上記錄下來，否則別說一整天，光半天跑下來的檔口就足夠把你搞得頭昏腦脹，所以說，別小看錄音筆的功能。

但現在有了智慧型手機後，連數位錄音筆的功能也被取代了，像我在手機上下載了一款免費的手機錄音軟體，就有手機錄音的功能了。當然，手機的耗電量大，也是要注意的。

錄音筆使用時機與方式

如果習慣用數位錄音筆錄下交易訊息，我的習慣是從進到店裡就開機錄音，一直錄到離開檔口，這樣還可錄下當時跟檔口銷售員對話的內容，免得自己忘了一些重要的資訊。

■ 筆記本、筆

隨手有筆記本就可隨時記下買了哪些商品，或是想到的任何事情，別太相信你的腦袋會記得住所有看過的檔口。至於筆記本大小，只要B5尺寸的一半就夠了，一切以攜帶方便為原則。還要隨身攜帶筆，反正在飛機上也要填入出境單，帶著總是對的。

■ 護照、臺胞證、證件大頭照以及影本

很多人到了機場才發現不是忘了護照就是忘了臺胞證，所以出發前一定要記得再檢查一次有沒有帶護照和臺胞證。

剛剛前面也提到，最好將護照及臺胞證各影印2份，證件大頭照也要記得準備好另外存放，萬一在路上掉了任何一份，至少在申請補發時會比較方便些。

檢查臺胞證效期並加簽

很多人（包括我在內）太相信自己的記憶力，所以就沒注意到臺胞證是否已過期，因此出發前還是去把自己的臺胞證翻出來看看是否過期，如果確定出發日期，就提早2週去辦臺胞證加簽吧，千萬別說我沒提醒你喔！

■ A4信封袋

A4信封袋就像個雜物袋，任何東西都可以往裡頭丟，當然，如果能帶幾個信封袋，上面註明「收據」、「檔口名片」等，會讓你事後整理資料更方便順手，這樣的習慣其實是不錯的。

■ 布尺

布尺在批服裝時特別有用，因為它可以讓你更精確的測量衣服、褲子的尺寸，不少衣服都是以大、中、小標碼的，這時你就知道手邊有一條布尺能幫多少忙了。

去過廣東批貨的人都知道，廣東的服裝尺碼都較小件，而北方應該是人高馬大的關係，服裝尺碼比較接近正常人的尺碼，我在青島或瀋陽批發市場看到很多服裝檔口即使是中號（Size：M）的服裝，但看起來不像廣州服裝檔口感覺都是給紙片人穿的那麼小，所以奉勸大家帶著布尺，現場量一下會比較準。

我都是帶去IKEA逛街時拿到的一公尺長紙尺，又輕又方便攜帶；如果怕長度不夠，也可以買能自動回收的伸縮尺，反正只要有公分和英吋單位就能用了。

■ 數位相機

一張照片抵過千言萬語，去批貨，數位相機自然也是不可或缺的配備。如果你已經在檔口批了貨，當然希望能夠拍照存檔，這時檔口的店員大都會同意讓你拍照。

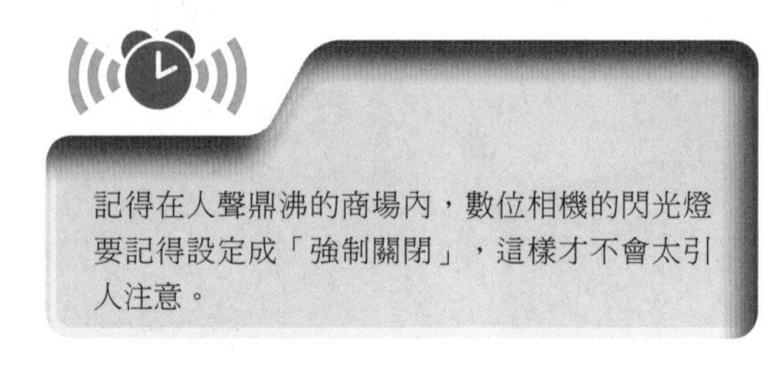

記得在人聲鼎沸的商場內，數位相機的閃光燈要記得設定成「強制關閉」，這樣才不會太引人注意。

■ 充電器

大陸的電壓是220V，和臺灣的110V不同，不過現在的充電器多半已是全球通用，也就是說可容許的電壓範圍為110V～240V，只要檢查充電器背後的說明有沒有這項說明就可以了。至於插座，根據我經驗，渤海灣的酒店房內都提供各種形式的插座，有適合臺灣插頭的插座，這點不用擔心。

■ 三向插座

這個是去過幾次大陸後，有一天才突然驚覺到的小配件，原因在於如果你有不少3C設備需要回飯店充電，這時你常會發現房間裡能夠適配臺灣插頭的插座很少，可能整個房間加上浴室只有2個插座可用（因為飯店房間內也有一些設備需要插座，像電視、選台器等），如果身上有幾個3C產品需要充電，總不能為了等插座都不睡覺，所以還是帶一個三向插座去保險些。

■ 藥品

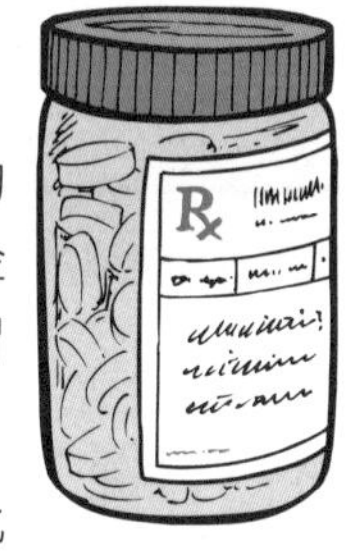

出門在外，緊急應用的藥品記得帶一些，像是萬金油、綠油精或簡單的感冒藥、健胃散、正露丸等。

有一次我去山東、東北忘了帶感冒藥，結果那次行程的最後4天被瀋陽的急速降溫凍著了（當然衣服沒帶夠也是原因），臨時去找藥房還真是麻煩，而且大陸即使是北京、上海、深圳、廣州這幾個公認的大城市，便利商店的分布和臺灣便利商店的密度相比差太多了，即使買個成藥也會讓你非常不便利，所以該帶的藥品還是帶齊吧！

批電器產品要記得電壓問題

我在渤海灣的這幾個批發城市的小商品城看貨時，總看到各式各樣有趣的產品，有些產品是用電池的，有些則是需要插電。

靠電池驅動的產品沒有太大問題，但如果看上的是需要插電的電器產品，一定要問一下檔口的銷售員，這些產品是吃220還是110伏特，或是國際電壓大小通吃，因為臺灣的電壓是110伏特，大陸有些小商品批發市場的電器產品是只吃220伏特的（因為他主要是銷大陸市場），如果沒注意，批了220伏特的產品回來，那可就虧大了。

■批電器產品時，要留意是否符合臺灣的電壓

殺價是一定要的！

不管是到廣東、首爾批貨，殺價總是免不了的，通常只要有量，自然就有殺價的空間，量越大，殺價空間也越大，這道理大家都懂，渤海灣的批發市場和華南廣東批發市場也一樣，廣州的批發市場在站前路、站西路、站南路、解放北路、海珠廣場等地，有時雖然看到自己要的但批發價格不優的商品，只能記下來。不過，光是站前路和廣州火車站附近的批發市場就超過10棟，有時跑起來也是疲於奔命，如果想把所有的批發市場都跑一遍再決定要在哪裡下單，又會擔心是不是還記得剛剛看上眼的檔口是在哪一棟大樓，這確實也是困擾。

到渤海灣批貨，雖然城市之間的距離較遠，不過好處是批發市場集中，可以較輕鬆的方式看完市場，自然也不急著決定是否要在某一個檔口下單，也可以努力和店家殺價。

北方的批發市場也很習慣殺價，你不殺價反而是傻子。我自己在山東即墨、遼陽佟二堡都拼命殺價，至於殺價的幅度多大，其實滿難說。不過好玩的是，我在佟二堡看皮衣，有兩位結伴而來消費者不斷跟老闆殺價，殺到最後，老闆都不對著那兩位「殺價二人組」回話，反而對著我大吐苦水。後來「殺價二人組」似乎沒買，大概想到其他檔口看看，如果真的沒有更便宜的，再回來也不遲。

不過，我真的覺得北方人比較豪爽、熱情，殺價也比較「阿沙力」，可以賣就賣，不能賣也很難再降價。但以我自己的親身經驗，臺灣人在北方算是「稀有動物」，如果你說你是臺灣來的，店家的態度會有180度的轉變，我認為北方人對臺灣還是有好感，臺灣人講話和當地人完全不同，「禮貌」、「客氣」都是北方人中少見的，這也是我們的優勢之一。

就我的觀察，大陸的服務業從業人員也很希望能夠得到尊重；不管是在看貨或是在餐廳吃飯，只要很客氣地跟服務人員或店家說，他們會對你印象特別深刻，你跟他們說聲「謝謝」，他們會感受到尊重，這時如果你需要一些幫助，他們自然更願意為你服務，有時跟店家講一下，店家考慮一下都會給個不錯的價格。切記，善用臺灣人的有禮，有時會有意想不到的收穫。

此外，店家都對臺灣很好奇，因此如果你說是臺灣來的，通常他們會很好奇地問一些臺灣的問題，像是臺灣現在天氣如何，臺灣好不好玩等，都不是政治性的問題，所以大可輕鬆應對，透過這種方式套交情，也可多了解北方人是怎樣做生意。

■殺價是大陸批貨的一門必修課

第三章

單趟採購 預算評估

對於到渤海灣區批貨，除了行程之外，大多數的創業家很擔心的一個問題，那就是「去渤海灣區的城市批貨，究竟成本高不高？」坦白說，去批貨的成本肯定會比去廣東批貨來得高些，不過只要能夠找到好的商品，這些成本其實還是可以賺回來。

交通費用

出國批貨，主要的開銷還是在於交通、住宿、飲食三方面，我們先從交通談起。

交通支出可分成：（1）來回臺灣與渤海灣區城市的班機機票、（2）城市之間的鐵路或長途巴士車票、（3）城市內的交通。

機票

先從跨國機票來說，兩岸直航後，不必先飛到香港或首爾再轉機到青島或瀋陽任一城市，從臺灣都有直航班機可直飛青島、威海、瀋陽，比起2008年前真的是方便很多。現在臺灣每週都有班機直飛青島、大連或瀋陽三地，算是挺方便的；至於威海，2011年時有對飛，2012年取消了，但2013年又開通，卻沒有直飛，必須到上海或韓國首爾轉機，票價也貴，所以不列入考慮名單。

每年航班都會有談判調整，不過只要到幾個大的旅遊網站，就可以搜尋到相關資料。

直飛航空公司資料

臺北直飛青島	臺北直飛瀋陽	臺北直飛大連
中國東方、中華航空 山東航空、立榮航空	中國南方、深圳航空 中華航空、立榮航空 華信航空	海南航空、中國南方 中華航空、立榮航空

註：除以上航空公司之外，還有國泰航空、港龍航空、長榮航空、海南航空等都是飛香港或其他城市再轉飛，時間上不划算，因此不列入表中。

由於2013年臺北飛威海的班機必須轉機，因此我將大連列在飛航名單上，因為大連剛好位於遼東半島的最南端，隔著渤海灣和威海、煙台遙遙相望，且在青島、威海、瀋陽、佟二堡這四個主要批發城市的中間；大連也是東北最繁華的商港，不僅熱鬧、觀光業發達，東北的服裝設計業也算是頗為成熟，只可惜由於地處遼東半島的最南端，以火車為主的陸路交通來看反而有些不便。

瀋陽因歷史緣故占了地利之便，可說是東北的鐵路交通樞紐，這也是為何瀋陽的五愛市場會從一個各種商品的集散地，逐漸發展成碩大無比的一級批發商場的緣故。

兩岸直航機票的票價一直為消費者詬病，不過全世界的航空公司都是同樣的定價方式，因為很簡單，航空公司也知道以時間換取空間的市場法則，很多想省錢周遊各國的背包客，不是上拍賣網站或是臺灣的「背包客棧」網站去找一些折價機票，就是上網買湊團機票。但這類便宜機票通常有兩個問題，第一，大多有日期或時間、班次限制，第二，可能要轉飛好幾個機場才能到目的地。這兩個問題對時間就是金錢的創業家來說，省下來的錢還不足以彌補損失的時間，因此最好還是找航空公司訂機票，或是上網訂票。

現在買機票，要不直接打電話到航空公司，就是上旅遊網站看看能不能找到便宜機票。像是易遊網ezTravel（www.eztravel.com.tw）、易飛網ezFly（www.ezfly.com），網站首頁就可以看到國外機票的搜尋訂購區，只要在表格內點選出發地、目的地、出發日期、回程日期（通常不要點選航空公司，才能看到個航空公司的票價以供比較）；至於背包客棧（www.backpackers.com.tw）的話，只要點選首頁的「便宜機票比價」就能進入選單，同樣也是點選相關選項，就會跳出一整列的票價單。

由於兩岸直航一年內的票價起伏大，我不敢說你一定能夠買到很便宜的票價，但我到目前為止，每次飛大連、瀋陽的機票費用大概都在14,000元以下，如果淡季再加上一點運氣，應該還可能買到12,500元上下的機票。聽起來很貴對嗎？不過現在同時期飛香港的機票也要快7,000元以上，跟飛青島、大連、瀋陽相比，飛航時間與距離來算，飛到這麼遠的北方，這樣的價錢也還可以。

我在本書一開始就將到渤海灣批貨定位為「進階批貨行程」，原因在於渤海灣的批貨城市都在長江以北的北方及東北，機票肯定比飛廣州，甚至上海都來得貴，我們就拿同一時段臺灣飛大陸4個城市及香港的來回

訂機票的注意事項

1. 旅行社的票價會比網路上貴，通常是因為向旅行社訂票，有更改日期的優勢，這一點對忙碌的創業家來說，有時是有點好處的；相反地，網路訂票雖然票價較便宜，但如果要改日期，則得再補差額，這一點要注意。
2. 網路上的票價通常都是未稅票價，記得點入「說明」，就能看到稅金金額，兩者相加，才是你要付的機票票價。而且有些網站還提供分期免利息付款，另外，如果手上的信用卡有提供刷卡訂機票送旅遊平安險的話，那就用信用卡訂票吧，否則，不管是請自己的壽險顧問或到機場的保險公司櫃檯買旅遊平安險，平均還要再花上千元買保險。

出發	目的地	票價
臺北	香港	6,959～7,271元
臺北	廣州	9,603～10,557元
臺北	上海	10,011～10,313元
臺北	青島	9,513～12,313元
臺北	瀋陽	12,924～13,347元

參考日期：2014年，實際票價請上網查詢

機票作比較（每年不同時期的兩岸票價都不相同，但我們以同一時段的機票來比較，雖然不見得百分之百公正，但至少可作為參考）。

從第41頁的直航來回機票可發現，除飛香港外，從臺灣直飛大陸各城市的機票，大概都要1萬元以上，從最近的廣州到最遠的瀋陽，機票價差大概在4,000元上下，也不算很貴，但我總是希望對於想開發新貨源，或想切入某些利基市場的臺灣創業家不要白跑一趟。

巴士、火車、渡輪費用

除了兩岸直航機票之外，剩下比較大筆的交通費用，大概就算是城市與城市之間長途旅行的火車或巴士票價。

還有，大陸的軌道交通開發得非常快，2011年時，瀋陽站還在為高鐵的開通而建設，而今東北的高鐵也開通了，大連到瀋陽、瀋陽到遼陽都有高鐵開通，我建議在大陸搭火車，如果不是很能融入當地生活的人，最好還是搭高鐵比較好，速度快，車行穩，時間省下將近一半，真的很值得。

票價表

車型	發站／到站	運行時間	參考票價（人民幣）
D（動車）	大連⟷瀋陽	2小時32分	二等座121元 一等座 198元 特等座 222元
K（快車）	大連⟷瀋陽	5小時28分 397公里	硬座54元 硬臥108元 軟臥160元
T（特快列車）	大連⟷瀋陽北	4小時18分 400公里	硬座54元 硬臥108元 軟臥162元
D（動車）	瀋陽⟷遼陽	26分 64公里	二等座 20元 一等座 32元 特等座 36元
K（快車）	瀋陽⟷遼陽	46分 64公里	硬座13元 硬臥67元 軟臥94元
T（特快列車）	瀋陽⟷遼陽	41分 64公里	硬座13元 硬臥67元 軟臥94元

截至2014年

至於青島到威海並沒有直達火車，如果想從青島搭火車到威海（反過來也是），都得先到萊陽或其他城市的火車站再轉車，非常浪費時間，最好、也是唯一的辦法是搭長途巴士，票價、車行時間大致如下：

票價表

車型	發站／到站	運行時間	參考票價（人民幣）
高一中型	青島⟷威海	約4小時 310公里	93元

截至2014年

另外，如果是住在青島市區，要去即墨的中國即墨服裝市場（或叫做「中國即墨服裝城」）批貨的話，就必須到四方汽車站對面馬路站牌去搭民營的「即青快客」，這種民營巴士是青島直達即墨；巴士在中國即墨服裝市場前有站牌，算是最方便的大眾交通工具，票價約人民幣22元。

最後還要介紹從大連到威海的跨渤海灣渡輪票價，往返大連、威海的渡輪遠比往返大

■從四方汽車站可搭車到各地

連、煙台的渡輪少，不過也有三艘渡輪足以提供足夠的客貨運服務，而且這三艘渡輪都是所謂的「客滾輪」，除了旅客之外，還能搭載小客車、貨車，所以通常到港後都能看到汽車一輛輛駛下渡輪的畫面。

現在除了「生生1號」及「棒捶島號」這兩班原有的渡輪之外，還增加了「生生2號」，這艘渡輪長165公尺，寬24公尺，最多可搭載2,200人。至於「生生1號」及「棒捶島號」搭起來也是不錯的。

■很大艘的棒捶島號渡輪

票價表

渡輪船名	發站／到站	運行時間	參考票價（人民幣）
生生1號	大連⟷威海	6～7小時	一等艙980元 二等A艙380元 二等B艙350元 三等A艙280元 三等B艙270元 四等艙230元 座席190元
生生2號	大連⟷威海	6～7小時	一等艙880元 二等A艙480元 二等B艙350元 三等A艙280元 三等B艙270元 四等艙230元 座席190元
棒捶島號	大連⟷威海	6～7小時	特等艙880元 二等A艙380元 三等A艙280元 四等艙220元 散席（座票）155元

截至2014年

根根據我自己的經驗，搭了一次座席後，我寧可多付人民幣50元搭四等艙，因為至少有個床鋪可以休息。而生生1號、棒搥島號渡輪座席的座位跟在臺灣在火車站、巴士站常見的候車區塑膠椅子一樣，坐7個小時受不了，想躺下來，更是要命，三張塑膠椅子中間還突起來，躺下去脊椎痛得要死，所以從威海返回大連時，剛好買到售票公司每天都會推出的座席票附贈四等艙臥鋪，除了有臥鋪艙可以放行李外，還可以到處走走，像劉姥姥逛大觀園一樣在渡輪裡到處探險，也可到甲板看夕陽、看無敵海景，拍照留念，累了還可以回船艙舒舒服服地睡一覺；還有，渡輪的四等艙的床位比起火車硬臥的床位要大一倍，其實也就是比家裡的單人床還要大一些的床位大小，很夠睡了。從以上的車船票價來看，我幫大家排了一下交通支出：

■在渡輪甲板上會不由自主想到鐵達尼

截至2014年

◎ 往返機票約13,500元。

◎ 大連到瀋陽動車單趟580元（人民幣121元）。

◎ 瀋陽到遼陽動車單趟96元（人民幣20元）。

◎ 遼陽到佟二堡巴士96元（人民幣20元）。

◎ 大連到威海渡輪四等艙1,104元（人民幣230元）。

◎ 威海到青島長途巴士單趟447元（人民幣93元）。

◎ 從瀋陽機場到瀋陽市區，或青島機場到青島市區，如果是搭機場大巴的話，單趟為72元（人民幣15元）。

◎ 瀋陽、青島、威海的市區公共汽車，單趟5元（人民幣1元）。

算起來，最貴的還是機票和跨海渡輪的費用，不過如果時間來不及，我也是不建議一次跑這麼多地方，畢竟時間趕，拖著行李和貨品到處跑也是夠累人的。

第一次跑渤海灣區的批發城市肯定是很累人的，但如果第一次願意多花點時間和金錢跑一次渤海灣區，把所有適合自己批貨的商場、檔口都打探清楚，下次再去自然能省下很多時間和費用，而把資金投入產品裡。

住宿費用

現在大陸許多連鎖評價飯店的價格都很便宜，大城市的消費高，這是一定的，不管是北京、上海、廣州、深圳，這些大城市的飯店費用都不便宜，在北京，即使是7天、如家這樣的平價飯店，一晚也要人民幣220元以上，像漢廷酒店、錦江之星就更貴一些，如果沒有預約，直接到一些四星級以上的飯店，一晚開價人民幣800元以上更是正常的事。

不過到北方，包括環繞渤海灣的山東、遼寧兩省，住宿費用就便宜一些，像我在瀋陽或青島，最貴的平價飯店，一晚的價格都在人民幣150元以下，也就是說比到廣東批貨，每晚的住宿費用約可省下人民幣50元。

■青島火車站後面的飯店的房間布置得還可以

住宿費用

抓最高的單價人民幣150元一晚來算，扣掉最後一天沒有住宿費用來看

→

渤海灣區批貨一趟7天的住宿費用＝150元×6天
＝人民幣900元

餐飲費用

大陸南北的飲食口味差異頗大，不過自己去批貨找吃的與跟團旅遊肯定差很多，畢竟跟團旅遊的餐飲不會吃太差，自己去批貨，就是找一些餐館、連鎖快餐店、速食店等，頂多吃一些路邊小吃，不過我真的是完全不敢碰路邊小吃攤，因為看到、聽到太多「奇特」的故事。

好玩的是，兩岸的速食店費用，大陸已經超越臺灣了，像我在瀋陽五愛市場對面的麥當勞吃早餐，換算了一下，同樣的一份麥當勞早餐，臺灣賣75元，在瀋陽麥當勞卻要賣到110元（約人民幣22元）！至於中、晚餐的套餐價格也差不多是110～130元之間，跟臺灣一樣貴。

批貨的餐飲費用

以一餐人民幣40元來算 → 14頓午、晚餐＋7頓早餐＝21頓（7天） → 7天飲食費用＝40元×21頓＝人民幣840元

■吃不慣其他菜的話，五愛市場對面也有麥當勞

■果汁、汽水比臺灣要便宜些

批貨費用

現在五分埔韓貨的批貨成本和定價原則是，店家多半是進貨成本乘上2就等於售價了，也就是說進貨成本大約是最後售價的5或6折。所以如果願意去渤海灣區尋找新的貨源，自然要把資金考量進去，而且通常一開始也不會每個月都跑渤海灣區（除非你真的找到有獨特性、利潤又不錯的商品），這也是為何我比較建議第一趟寧可多花點時間把所有的城市都探查清楚，而且一趟去看到好的商品就帶回來，否則頻繁跑青島、威海、瀋陽，是不划算的。

這也是為何我覺得渤海灣區批貨最好是有點批貨經驗，或是找同伴一起去批，會比較好，假設妳一個月在臺灣的進貨量是20萬元以上，那第一次去就準備35萬元，這樣剛好可進一個半月的貨。

貨運費用

大老遠跑一趟渤海灣區批貨，看重的就是和首爾有一定的流行連結度，以及能夠買到臺灣不容易找到的利基商品，如果批到這類的產品，最好能夠跟著隨身的大行李箱帶回來，不過還是會有一部分的貨可能無法隨個人行李回臺灣，這時就得靠貨運了。

由於在大陸的臺灣人大多集中在華南、華東這兩大地區，山東、遼寧的臺灣人並不多，不過批貨後的流程跟廣東一樣。

華北當地的貨運也很發達，作法最好是將檔口批到的貨品集中起來，能夠自己帶回飯店是最好，這樣接下來再送到貨運行送回臺灣會比較方便。

除了從廣東批貨回臺灣有些商品可以走海運外，到首爾批貨，所有的商品都是走空運，到渤海灣區批貨也

■這種貨運打包方式在瀋陽五愛市場非常常見

是一樣。跨國貨運包含海、空運費，到臺灣海關後的報關費、拆櫃費、提單費，以及從海關到臺灣各指定地點的內陸運輸費用，不過如果能夠把貨品集中在一起，再由當地的快遞公司一併打包送回臺灣會是比較好的辦法。

空運比較貴，空運的單價算公斤，而且貨品如果總重10.3公斤，會是以11公斤計算，這是一定的，因此我覺得到渤海灣區城市批貨，一定是批單價高、毛利高、重量相對輕、臺灣不容易買到的商品為主，這一點將在後面的章節會談到。

關稅問題

有關關稅問題，我必須說，報稅是很麻煩的流程，我覺得這筆錢也不必省了，否則就是把報關問題丟給貨運公司去處理，有些不錯的貨運公司都會幫客戶把這些問題處理好，所以找這種提供統包服務的貨運公司，他們會幫你把關稅的問題處理好，他們知道哪些產品用哪些名義報關會比較省錢，也不會發生被查扣或是要補稅之類的事情。

第四章 行程安排

在寫這本書時，我常常一邊寫一邊陷入深沈的思考，或者說是天人交戰的情境，因為我常會想，對於沒有跑過渤海灣區城市的人來說，一下子要他們跑到這麼陌生的地方批貨，會不會出現很多問題？會不會迷路？會不會住不習慣、吃不習慣？一堆問題常常寫一寫就浮現在腦海裡。

不過有時想想，勇於創業的人必然有著與平常人不同的性格，這是我跟許多創業者交流後的心得，他們敢於挑戰現況，面對困境時不會怨天尤人或退縮；其實，到了外地，一切都要靠自己解決，這也是我認為創業家與一般人不同之處，所以我也不用太擔心，即使到渤海灣區城市批貨，遇到問題也能夠解決的，因此我的使命就是盡量在本書中呈現各種可能會遭遇到的情況，而且事先將一些去了也是浪費時間、金錢的批發商場摒除在外，好讓有志獨闖渤海灣批貨的創業家能夠將時間集中在重要的批發商場。

該怎樣規劃行程？

渤海灣區中值得去批貨的城市散落在山東半島的南端（青島）、北端（威海），以及遼東半島的中央（瀋陽、佟二堡），但如果一次要從北走到南，或是從南走到北，都有一個問題，那就是當初訂機位時，通常都是同一個城市進出；如果從青島進，一路往上批貨到瀋陽、佟二堡，最後又得千里迢迢的趕回青島搭機回臺，這樣實在是太累了（當然，我是曾跑過這樣的行程的），而且大陸的火車誤點情況也不比臺灣遜色，像每次在瀋陽站等火車去大連，就常常誤點半小時，常常搞得自己神經緊張。

當然，還有一個問題是，批貨的日程安排越長，不可控制的變數就越多，為了避免突發狀況，我就會多安排1、2天的預備天數，但這如果一切順利，沒有任何突發狀況，也等於多了2天空閒時間。所以如果批貨行程一切順利，那就趁空閒逛逛平常不太可能跑大老遠去的這幾個城市。

一次跑完，還是分兩次跑？

究竟應該一次就跑完兩省四城市，還是一次跑山東，一次跑遼寧？坦白說，如果一次跑一個省分，確實輕鬆很多，否則我們用簡單的流程圖來看看不同的行程規劃。

同地進出，一次跑完2省4城市

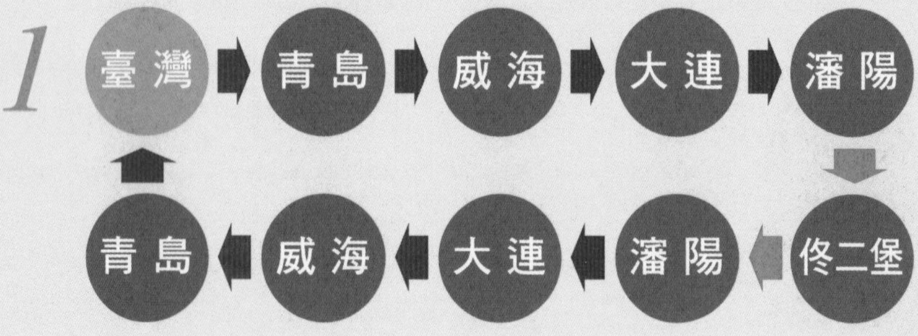

1

臺灣 → 青島 → 威海 → 大連 → 瀋陽 → 佟二堡 → 瀋陽 → 大連 → 威海 → 青島 → 臺灣

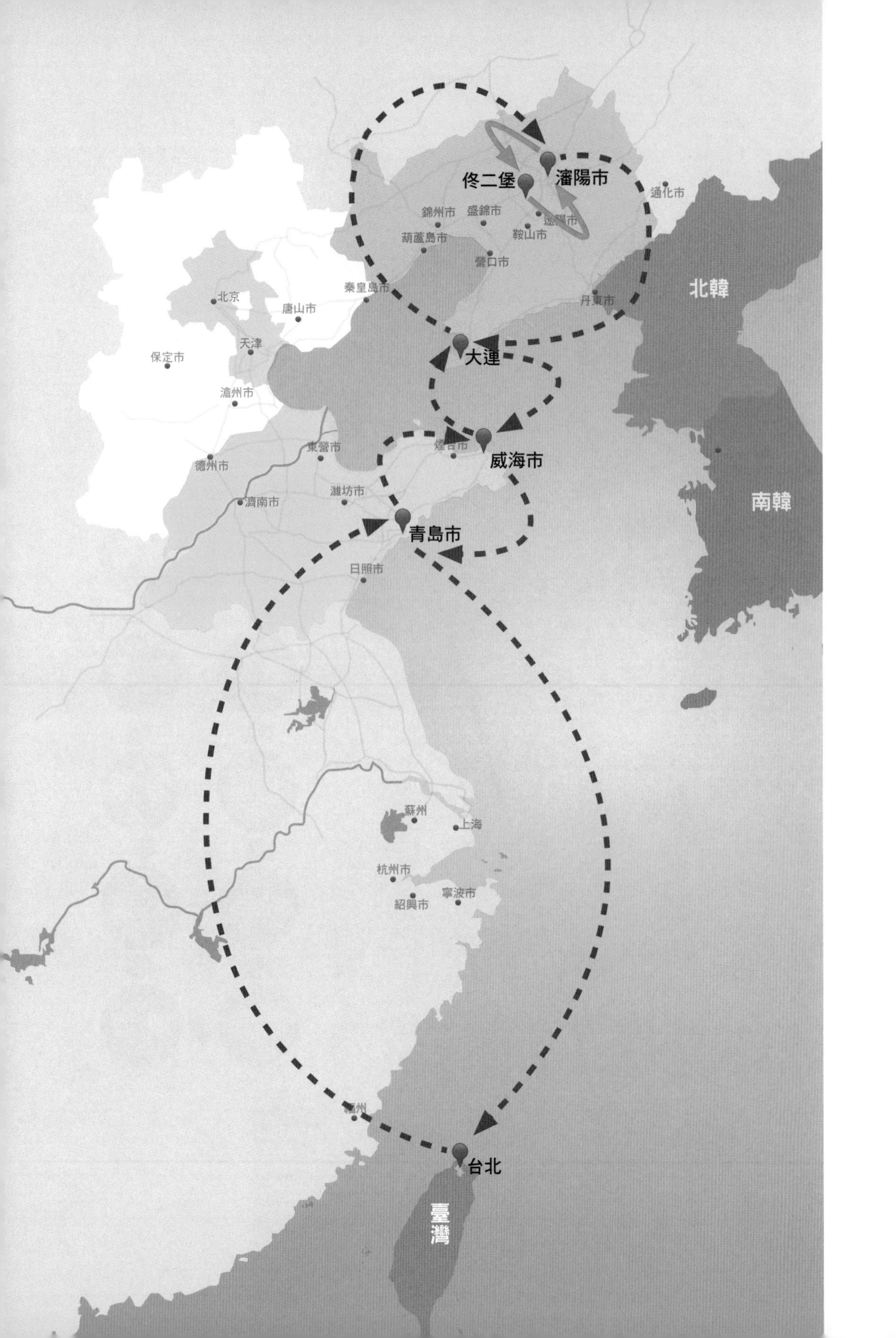

佟二堡
瀋陽市
通化市
錦州市
盛錦市
鞍山市
葫蘆島市
營口市
北韓
秦皇島市
丹東市
北京
唐山市
天津
保定市
大連
滄州市
威海市
東營市
德州市
濰坊市
濟南市
南韓
青島市
日照市
蘇州
上海
杭州市
寧波市
紹興市
台北
臺灣

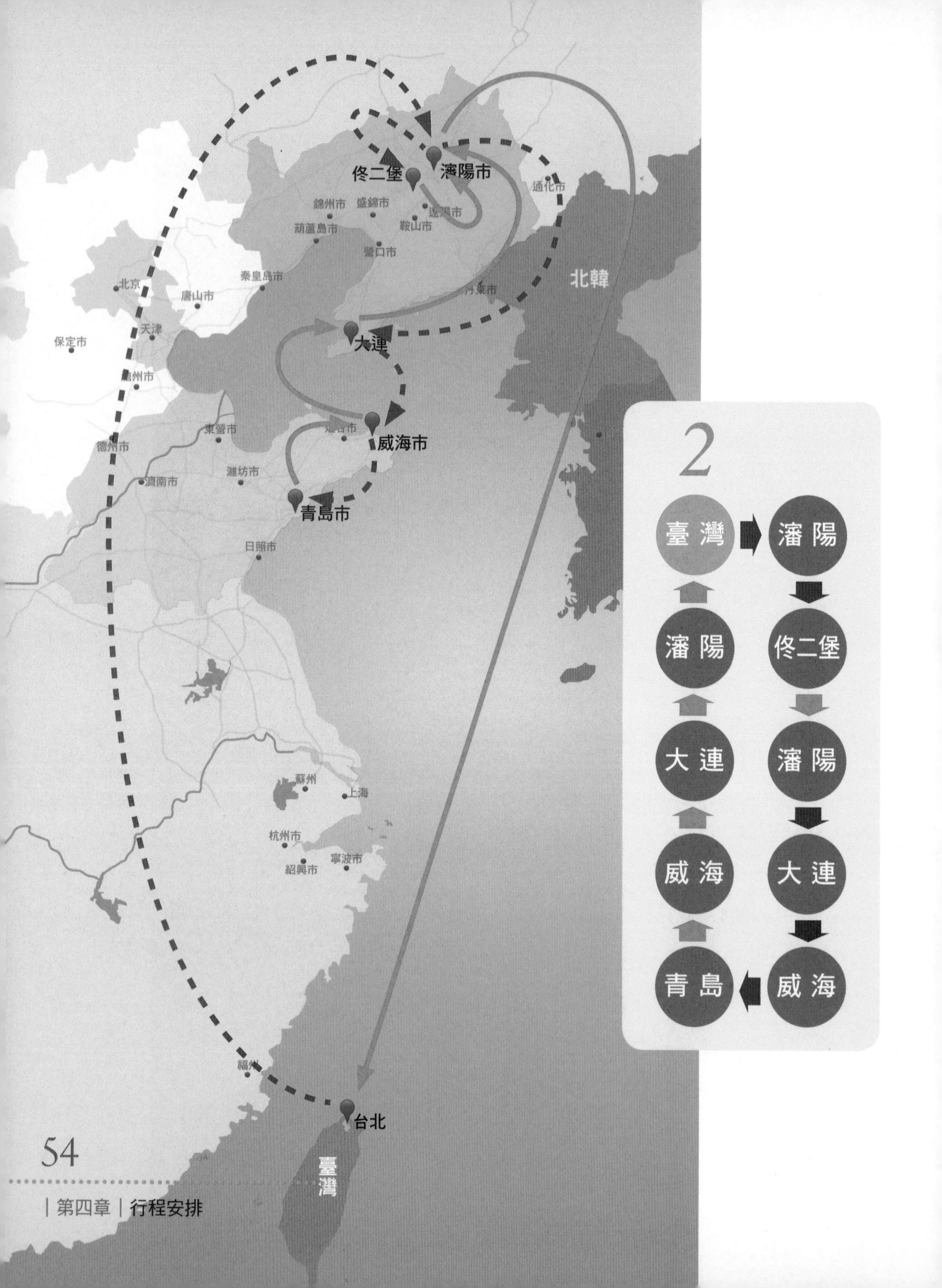

佟二堡
瀋陽市
錦州市
盛錦市
葫蘆島市
鞍山市
營口市
通化市
秦皇島市
北京
唐山市
北韓
天津
保定市
大連
東營市
威海市
德州市
濰坊市
濟南市
青島市
日照市
蘇州
上海
杭州市
寧波市
紹興市
台北
臺灣
2
臺灣
瀋陽
佟二堡
瀋陽
大連
威海
青島
大連
威海
瀋陽

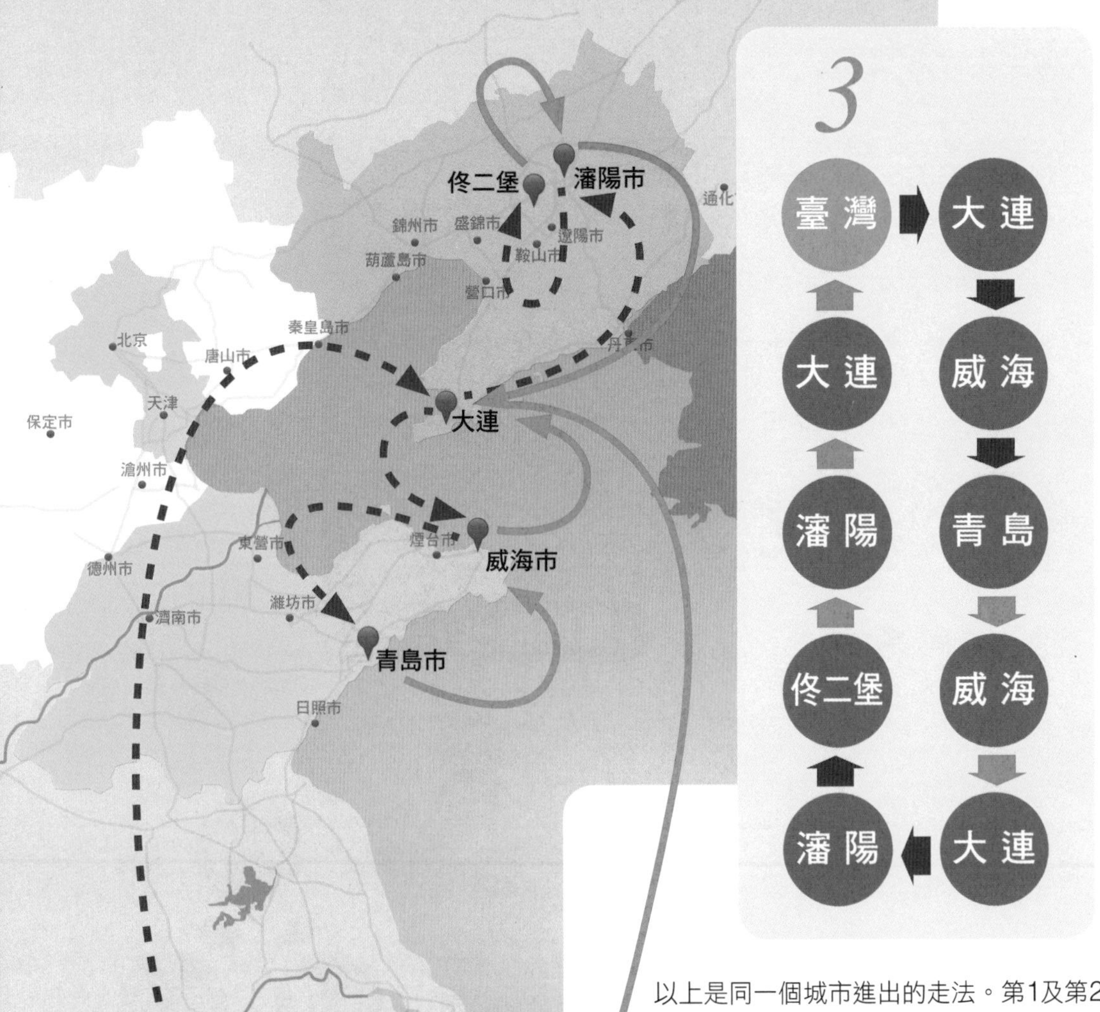

以上是同一個城市進出的走法。第1及第2條路線是從最南端（青島）或是最北端（瀋陽）的城市進出，第3條路線則是以整條批貨考察路線的中間點城市（大連）為進出點；算起來要走的行程都一樣長，只是第3條路線好像感覺比較輕鬆，因為大連是在整條路線的中點，進可攻退可守。不過無論如何，這樣的行程是非常麻煩累人的走法，交通成本也高，因為等於很多城際交通都要走兩回，想想看，大連到瀋陽就要400公里，威海到青島要310公里，從臺北到高雄差不多350公里，可想而知，威海到青島，差不多就是臺北到臺南，如果同地進出批貨，整個行程跑下來至少快2,000公里，而且這又不像航空公司有累積里程優惠。

除此之外，其中至少有一天是耗在搭渡輪度過渤海灣上（除非來回兩趟都能搭夜班渡輪），如果是一次跑完2省4城市，當然會是以下這種「甲地進、乙地出」的走法比較省時。

瀋陽市
佟二堡
錦州市
盛錦市
葫蘆島市
鞍山市
遼陽市
營口市
通化市
秦皇島市
北京
唐山市
丹東市
北韓
天津
保定市
大連
滄州市
威海市
東營市
德州市
濰坊市
濟南市
青島市
日照市
蘇州
上海
杭州市
紹興市
寧波市
福州
台北
臺灣
異地進出，一次跑完2省4城市
1
臺灣
青島
威海
大連
瀋陽
佟二堡
瀋陽

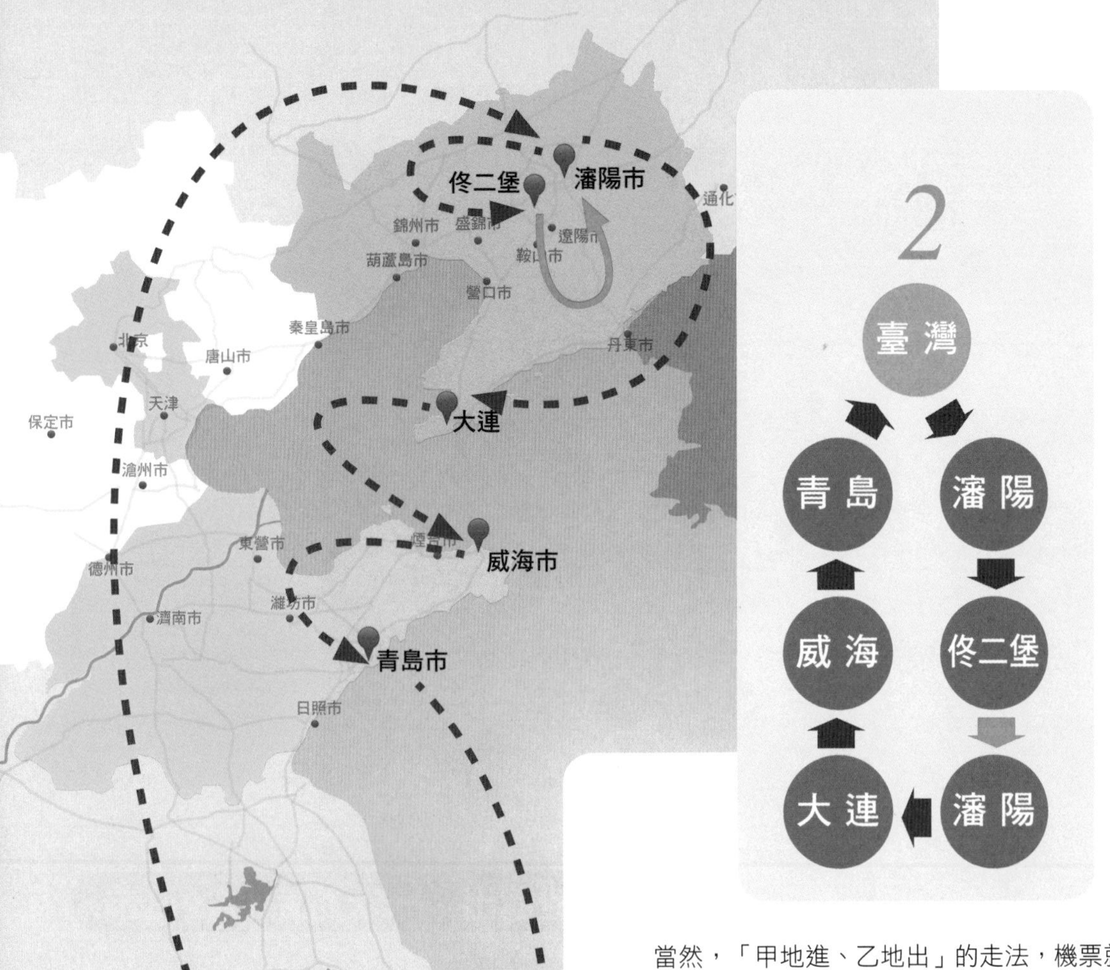

當然，「甲地進、乙地出」的走法，機票就不可能在網路上訂了。不過別擔心，請旅行社買機票訂位就可解決這個問題，我問過旅行社，基本上票價跟像旅行社買同地進出的機票一樣價格，所以只要打幾通電話問一下幾家大品牌的旅行社，就能得到答案。

前面有提到，青島（即墨）、瀋陽、佟二堡的批發商場都非常大，只有威海的批發商場較集中，如果一次要跑完2省4城市，每個城市待2天，加上前後2天往返兩岸，這樣就得花12天，實在是非常耗時費力，因此，如果一次只跑1省2城市的行程，就可以將批貨行程壓縮到5～6天，而且也不用拖著大堆行李擠車；由於大多數的行程都集中在同一省，省下長途交通費用，相信你一定會覺得到渤海灣區批貨也不是件困難的事。

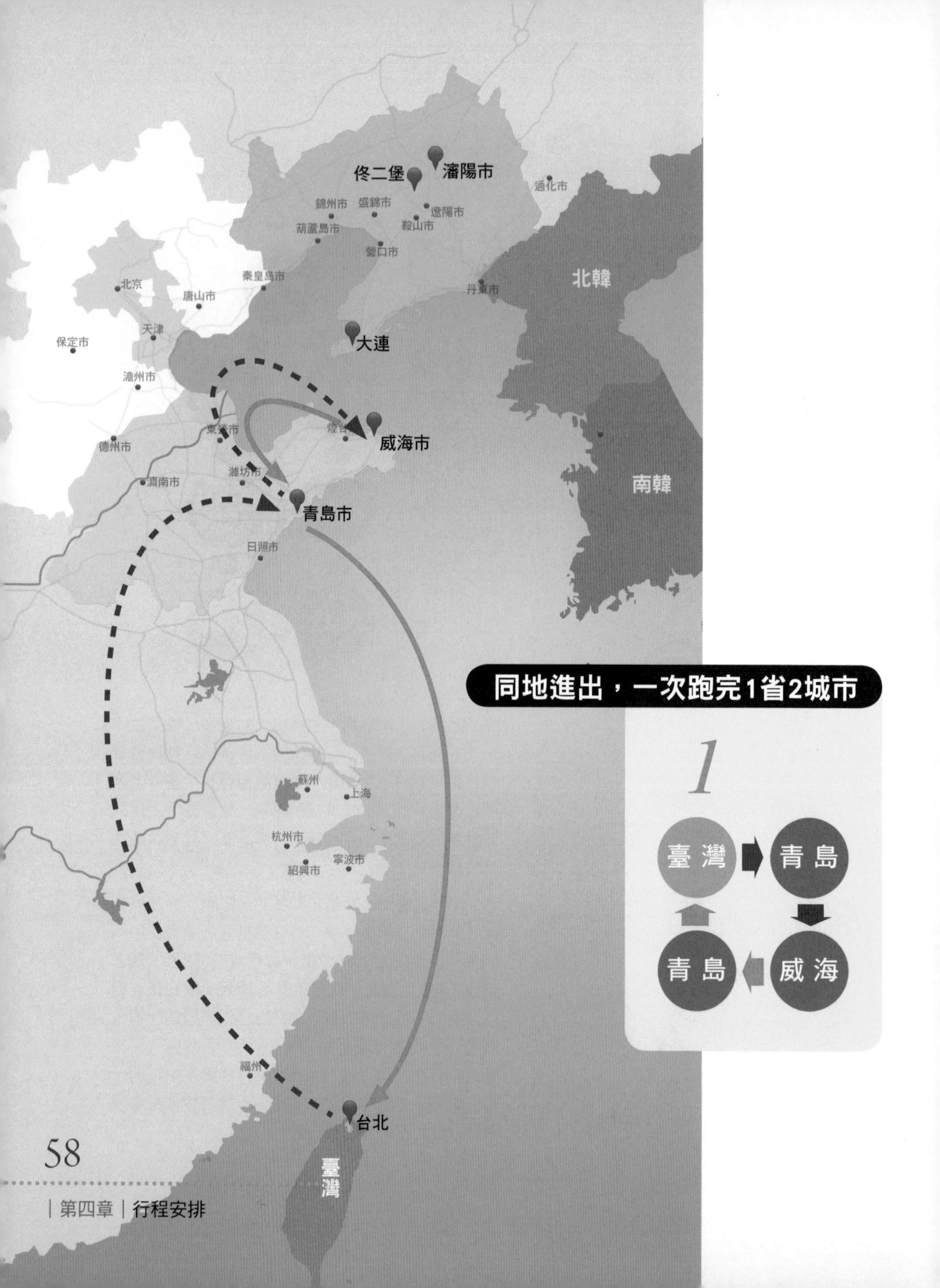
瀋陽市
佟二堡
通化市
錦州市
盛錦市
遼陽市
葫蘆島市
鞍山市
營口市
北韓
秦皇島市
北京
唐山市
丹東市
天津
保定市
大連
滄州市
威海市
德州市
濰坊市
濟南市
南韓
青島市
日照市
蘇州
上海
杭州市
寧波市
紹興市
福州
台北
臺灣
同地進出，一次跑完1省2城市
1
臺灣
青島
威海
青島

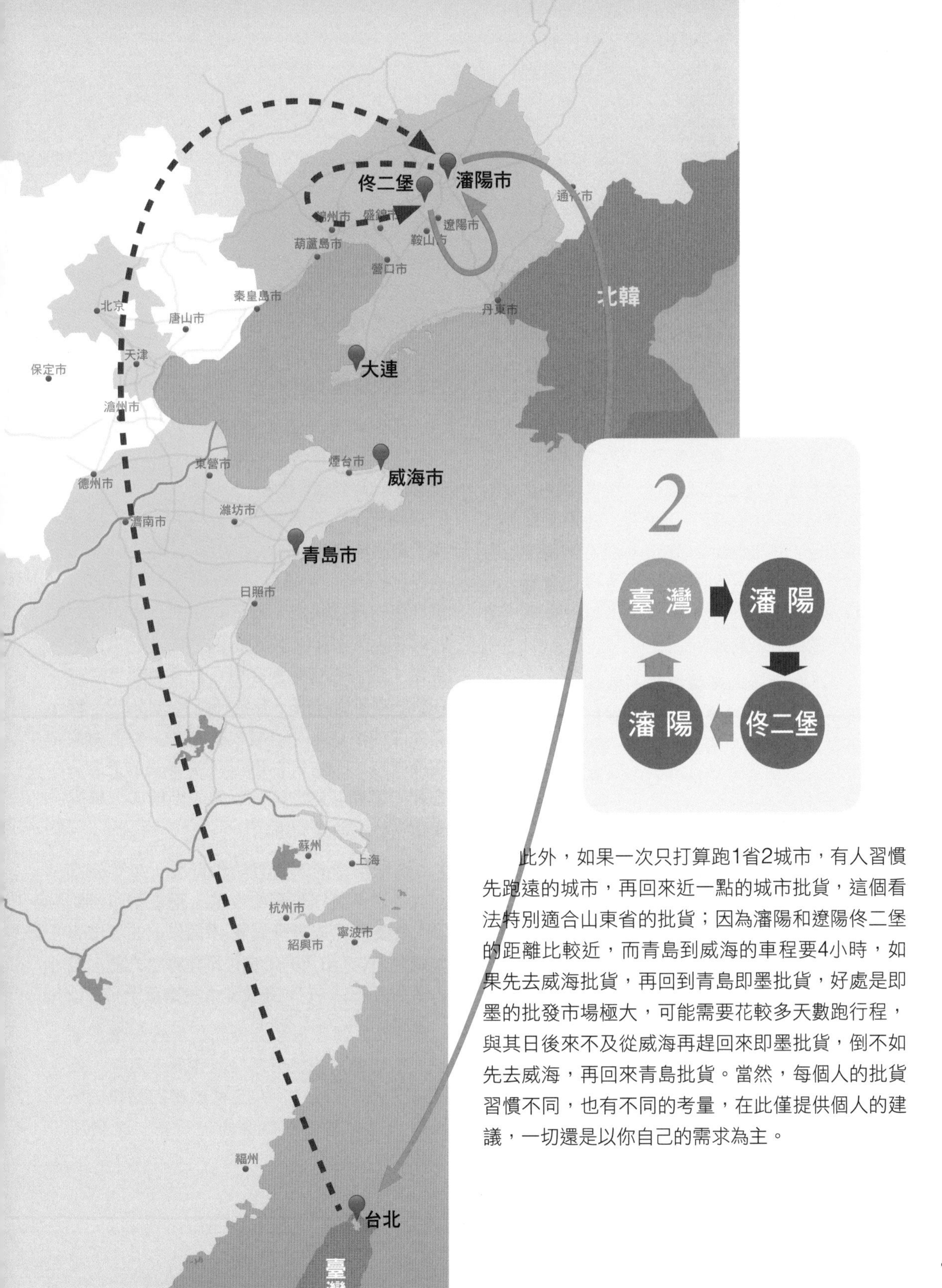

此外，如果一次只打算跑1省2城市，有人習慣先跑遠的城市，再回來近一點的城市批貨，這個看法特別適合山東省的批貨；因為瀋陽和遼陽佟二堡的距離比較近，而青島到威海的車程要4小時，如果先去威海批貨，再回到青島即墨批貨，好處是即墨的批發市場極大，可能需要花較多天數跑行程，與其日後來不及從威海再趕回來即墨批貨，倒不如先去威海，再回來青島批貨。當然，每個人的批貨習慣不同，也有不同的考量，在此僅提供個人的建議，一切還是以你自己的需求為主。

交通

在開始談渤海灣區城市的交通之前，我想先聊一下我的兩岸飛航經驗。

記得1996年第一次去上海考察時，一大早出發，到傍晚才到上海，回程時同樣也在香港轉機，我還依稀記得下午從上海起飛前還延誤了1小時，因為解放軍空軍演習而進行空中交通管制，抵達香港降落後，所有要轉飛臺灣的旅客又拖著行李在機場內拼命狂奔，因為當天臺灣有颱風，7點後所有航班取消，我剛好搭上當天最後一班香港飛臺灣的華航班機，原以為一切順利，結果在桃園機場上空，班機盤旋了3次，機長在洶湧翻滾的雲層中一直找不到縫隙，最後機長廣播，他決定再試最後一次，如果還是無法降落，那大家就回香港過夜。

「在機場大廳像逃難一樣躺在走道上睡覺」、「旅客包圍航空公司櫃檯抗議」這種只在電視新聞中看到，以為一輩子不會碰到的鳥事，這次真的被我遇到了嗎？到底應該霸王硬上弓的跟十級風速以上颱風對幹，還是留得青山在，不怕沒柴燒，夾著尾巴回香港機場平安度過一晚？

最後，機長選擇再試一次，沒多久，飛機開始像雲霄飛車般地上下劇烈起伏，左右搖晃，只見隔壁旅客閉上雙眼，口中念念有詞，應該所有的神明都被他祈禱過一遍，看著機艙舷窗外頭閃電雷鳴、風雨交加，所有人根本不知道飛機是否在正確的航道上，就這樣感覺飛機一階段一階段的下降，突然間，機身重重地落地，開始在跑道上滑行，當大家發現撿回一命時，客艙爆出一波波的歡呼與鼓掌聲，我印象最深刻的一幕是當我走過機艙正要踏上空橋時，在機艙口送客的一位資深空服員驕傲地說：「我們華航機師的技術是最好的！」我相信對她來說，這一次的經驗應該也足以列入她職業生涯中最驚險的幾次降落了吧！

2000年也是去上海出差，那次印象也很深刻（雖然沒有啥鳥事發生），因為淩晨4點就起床，趕著搭5點第一班開往桃園國際機場的飛狗巴士，班機起飛前一個半小時抵達機場大廳跟同事會合，7點多班機起飛，到香港機場已經9點，接著就是在機場閒晃，那時的機場沒有無線網路，筆記型電腦都是至少14吋起跳，又大又笨重，而且頂多2小時就沒電掛點，也沒有智慧型手機可打發時間，只能在機場裡亂逛，好不容易等到12點50分，轉搭大陸的航空公司班機飛往上海，到上海虹橋機場時，已經下午3點半，來接機的上海分公司同事開著廂型車載一夥人到飯店，等到安頓好已經是傍晚5點了。

這是兩岸尚未有直航班機前，旅客要飛往大陸主要城市都有的經驗。現在兩岸通航了，從臺灣可以直飛大陸40個以上的城市，每週至少也有3天的班次，不能說很方便，但對商務客來說，已經是非常大的進步了。

對於我們想飛渤海灣區批貨的創業家來說，主要會飛的城市還是以青島、瀋陽、大連這三大城市為主，這三個城市的國際機場規模大抵和桃園國際機場差不多，或是更小，瀋陽桃仙國際機場的規模就不算大，機場動線規劃不複雜，很容易就能找到報到櫃檯及海關查驗區，要迷路還真的很難。大連國際機場又叫大連周水子國際機場，也是屬於小巧型的國際機場，至於青島流亭國際機場則和瀋陽桃仙機場類似，都是重新整建的機場，感覺較現代化，但國內、國際出入境的航廈分得很清楚，不容易搞錯。去青島、瀋陽批貨，首先一定是先搭機到這兩城市的國際機場，再搭車到市區找飯店住，隔天才開始批貨行程。

現在桃園國際機場飛青島、瀋陽的航班中，由於每家航空公司從臺北起飛的時間不一，反而提供我們不錯的選擇。臺北飛青島及瀋陽的航班，每年也許都會有不同的航空公司取得航權，但根據過去幾年的經驗，其實並沒有太大的變動，你可以上桃園國際機場網站（www.taoyuanairport.gov.tw/），就可查詢到最正確的航班。

臺北到青島流亭國際機場

從臺灣到了降落地機場後，怎樣從機場到當晚要下榻的地方？首先我們來談談，到青島和威海批貨的話，先搭機到青島流亭國際機場；接著假設我們要先到位於即墨的中國即墨服裝批發市場、即墨小商品批發城批貨，再到青島市區的青島小商品批發城批貨，如果是這樣的話，我們來看一下青島市平面圖，這樣應該就會比較有概念。

從右頁這張圖可看到，青島市位於一個突出於膠州灣的半島上，青島市區就位在這個半島的最南端，青島流亭國際機場則位在青島市區的北方，青島火車站在最南端，往上一點是青島四方長途汽車站，至於在青島流亭國際機場的東北方則是即墨市；等於說從南往北看，分別是「青島火車站」、「四方長途汽車站」、「青島流亭國際機場」、「中國即墨服裝批發市場」與「即墨小商品批發城」。

所以，如果去青島旅遊，住在青島火車站附近是挺方便的，不過若要去批貨，就不太建議住在青島火車站附近；雖然那兒的飯店價格便宜，環境不錯，室內也還好，就在火車站的後面，但要去即墨批貨的話，還得先搭公車到四方長途汽車站，再搭「即青快客」去即墨，這樣跑很累，與其如此，我比較建議直接住在四方長途汽車站附近的飯店，這樣早上吃完早餐就可直接搭「即青快客」去即墨批貨。

當然，也有人說是否可以直接住在即墨市，這樣不是更省事。沒錯，理論是這樣，但青島流亭國際機場的四條機場巴士都是到青島市區，所以只能說住在四方長途汽車站是折衷選擇。

青島流亭國際機場距離青島市區約32公里，差不多是桃園國際機場到臺北市區的距離，大多數國際機場距離市區都在40分鐘的車程內，因為再遠就不方便，再近卻又可能影響都市發展。根據報導，青島流亭國際機場是華東地區位於上海之後的第二大機場。青島流亭國際機場可分成兩個航廈，一個是國內線出、入境（第1航廈），另一個是國際線出、入境（第2航廈）。

■青島到即墨會先經過流亭國際機場

S24威青高速
S203
S202
即墨市
S309
S209
G204
中國即墨服裝批發城
G20青銀高速
S602
濟青高速
G2011
城陽區
G2011青新高速
青島流亭
機場
嶗山水庫
城陽區高速
樓子疃鎮
丹山水庫
G20青銀高速
膠州灣高速
S202
膠州灣
李滄區
四方長途汽車站
G20
G22
G308
青島火車站
四方區
嶗山區
市北區
浮山灣
市南區
太平灣

青島流亭國際機場的入境流程

1 班機抵達機場，出空橋後，第一關是檢疫檢驗，基本上就是填寫一張檢疫申報單。

2 走到邊防關，在這裡要提出護照、臺胞證，以及事前填好的入境登記卡，交給邊防人員。

3 搭電扶梯到下一層的行李提領區等行李。

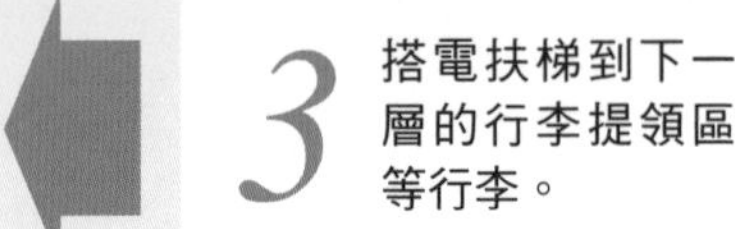

4 拿到行李後，接著就準備出關，最後一關就是海關人員，通常這裡就是檢查有沒有要申報的物品，通常都不會有需要申報的物品，也就不用填單據，頂多再過X光掃瞄機，就可以出關了。

因為我建議住在四方長途汽車站附近的飯店，因此當你拿到行李後，走出機場航廈，外面就是機場巴士站，記得，機場巴士有4條線，要到四方長途汽車站的話，要搭機場巴士2號線（702路），機場巴士2號線的路線如下：

青島機場巴士2號線（702路）機場往青島市區路線

流亭國際機場→瑞昌路→小村莊→四方長途站→莫泰168華陽店（埕口路）→科技街（頤高數碼廣場）→市立醫院→格林豪泰酒店（中國劇院）→棧橋（太平路）→魯迅公園（海底世界）→匯泉王朝大酒店（南海路）

青島機場巴士2號線（702路）青島市區往機場路線

匯泉王朝大酒店（南海路）→格林豪泰酒店（中國劇院）→莫泰168華陽店（埕口路）→四方大飯店（四方長途站）→流亭國際機場

機場巴士單趟票價都是人民幣20元，從青島流亭國際機場發車的時間從8:40～22:40，每小時一班，從市區的匯泉王朝大飯店發車的話，發車時間為5:20～20:20，每小時一班。

搭機場巴士時（不管是在青島還是瀋陽）因為我們都會有不能帶上巴士、比較大件的行李箱，這時也跟臺灣一樣要放在巴士側邊下方的行李區，也別怕行李會丟掉；上車前，機場巴士的服務人員會在行李箱上貼上一張號碼牌，旅客手上也會有同樣的號碼牌，下車時，機場巴士司機會核對兩者是否相同，才能讓旅客提領行李。

如果要住在四方長途汽車站附近的話，我盡量以距離四方汽車站的步行距離5分鐘內（是臺灣人的步行速度與距離感喔）的飯店為選擇對象，以這個條件來看的話，我挑選了3家飯店，分別是錦江之星四方店、四方大酒店、速8酒店（Super 8 Hotel）。錦江之星四方店就在四方長途汽車站隔壁，四方大酒店在四方長途汽車站對面，中間隔著溫州路，至於速8酒店則在四方大酒店的斜後方，算是三家中較遠的一家，不過都在步行5分鐘的路程內。

■青島周邊的快速道路

四方長途汽車站往即墨中國服裝批發城

四方長途汽車站是青島市主要的長途巴士站之一，就像臺北或其他城市一樣，長途巴士站分散在市區各地，青島的長途巴士站也有幾個，不過跟我們最有關係的還是這個四方長途汽車站。它是公營的長途巴士站，比較有制度些，在四方長途汽車站可搭長途巴士去威海。

離四方長途汽車站走路約10分鐘距離的內蒙古路上有另一個「青島公路客運站」，這個客運站有班車到即墨，但並沒有直達中國即墨服裝批發市場的班車，還得換巴士，而且它不是直達車，沿途停靠很多小站，我不建議你在這個車站搭車去即墨批貨。

即墨位在四方長途汽車站的北方，如前所述，從青島市區到即墨批貨，最方便的直達巴士是「即青快客」。「即青快客」有藍色車及黃色車兩種，但路線都一樣，黃色車是即墨旅遊服務公司的車，藍色車是青島交運集團的車，當地人說搭藍色即青快客較好，但我常搭到黃色車（因為藍色車班次較少），覺得還可以，兩種車票價都一樣，大約是人民幣12元，從青島出發去批貨，搭車地點就在四方大飯店門口。

對了，大陸的長途巴士都有售票員（也就是車掌小姐），上車後就跟她買票，不過，上車前最好先問一下：「有沒有到鶴山路中國即墨服裝批發市場？」這樣比較保險。

有一件事要提醒大家一下，山東人講話很大聲，也很直，甚至有人說脾氣不好（但我也遇到不少熱心的山東人），基本上，我們講話客客氣氣，「請問」、「謝謝你」掛在嘴邊，我到目前為止，口氣不好的售票員也不會對我不客氣，至於當地人，我們就別管他們了，其實當地人已經習慣「如果不爭到底，就會被欺負」這樣的生存哲學，我們畢竟不是要長期在那邊生活，有時候態度軟一點，反而容易得到幫助。

從四方長途汽車站搭上往即墨的即青快客後，大約要1小時的車程才抵達，當巴士抵達即墨市區後，會左轉進鶴山路，首先會先經過即墨小商品批發城，然後再開不到1公里路，你注意看右前方有巨大的三層樓連棟建築，上面有「中國即墨服裝批發市場」大招牌，就趕快準備下車，因為你已經到了華北最大的服裝批發市場了。

■青島直達即墨服裝批發市場的即青快客

四方長途汽車站往台東商圈的青島小商品批發城

另外，如果有空想要去青島市區內的青島小商品批發城的話也非常方便，因為四方長途汽車站旁邊走路約5分鐘的杭州路有個「四方火車站」站牌，此站牌有5路公車（大陸叫「公交車」）經過。5路公車往青島火車站方向5站就是「華陽路」站；在華陽路站下車後，對面就是青島小商品批發城了。

青島5路公車南端發車站在青島火車站附近，走路到青島火車站不到10分鐘即可到達；下車後離海邊很近，算是很知名的風景區，很多人都在海邊的沙灘上散步玩耍，附近連鎖餐廳也多，因此，如果批完貨後，如果有空想到青島火車站附近的商業區或海邊逛逛，那就搭5路車過去。

青島5路公車路線

火車站（蘭山路）→ 棧橋（河南路）→ 大沽路 → 中山路（東方貿易大廈）→ 市立醫院 → 承德路 → 科技街（頤高數碼廣場）→ **華陽路** → 埕口路 → 長春路（內蒙古路）→ 長途站（內蒙古路）→ **四方火車站** → 四方（四方機車廠）→ 四方小學 → 瑞昌路（杭州花園）→北嶺（杭州路）→ 北嶺山森林公園 → 水清溝 → 中心醫院 → 海晶化工 → 勝利橋

■在四方火車站公車站牌可搭5路車去火車站或青島小商品城

青島到威海長途巴士

如果從青島要去威海批貨的話，最方便的方法還是直接在青島四方長途客運站搭往威海的長途巴士，因為青島到威海的長途巴士是走青威高速公路，因此正常的車程為3.5小時。

威海目前有新汽車站跟老汽車站，新汽車站跟火車站比鄰（說是比鄰，不過還是有將近300公尺的距離），從青島四方長途汽車站發車往威海的長途巴士都是開到威海新汽車站。

等等，不是說青島到威海沒有火車嗎？怎麼威海有火車站呢？原因是威海的火車路線是通往膠州，然後一線往濟南去，另一線往徐州，沒有直達青島的班車，所以大家寧可搭長途巴士往來威海。

青島到威海長途巴士票價約為人民幣93元，可能會有點變動，但票價不會差太多，至於每天從四方長途汽車站發往威海的班表如下：

青島四方長途汽車站發往威海班表
06：30
07：50
09：10
10：20
11：30
12：00
13：00
14：00
15：00
16：10
17：30

到了威海汽車站後，建議先去問一下售票處的服務人員，從威海發往青島四方長途汽車站的班車每天幾點開始發車，雖說從早上6點半就開有發車，但我在威海汽車站內看到的一塊招牌卻是寫「12：00至19：50流水發車」，所以還是問一下比較保險。

威海的批發商場集中在威海旅遊碼頭前方的海濱北路上，到了威海汽車站之後，往

外頭走可以看到一條8線以上的大馬路，這就是青島中路；過到青島中路的對面往左走一小段路，就可看到「汽火車站（豪亞聖迪廣場）」的公車站牌，這裡有1路車可直達「海港客運站」（1路車的倒數第二站，終點站是實驗中學，旁邊有一家樂達飯店，我在威海停留期間就是住這兒），公車票價是人民幣1元。

住在海港客運站附近的飯店批貨都是走路就可到的距離，所以在威海批貨比在青島批貨，在交通路程上要輕鬆很多，而且海港附近還有在歷史課本上讀到的甲午戰爭中，被日本艦隊幹掉、後來被中國政府撈起的定遠艦停泊在碼頭邊，在大陸常常可以親眼看到很多原本只在歷史課本上才看得到的景物出現在眼前，真的是滿特別的感受。

臺北到瀋陽桃仙國際機場

瀋陽是渤海灣區批貨城市中緯度最北的城市，也是從臺北飛航時間最長的批發城市，不過也只要2小時50分就可抵達，由於瀋陽五愛市場就在市區，所以我們搭機到瀋陽桃仙機場後，只要搭上機場巴士，就能夠到市區了。

瀋陽桃仙國際機場距離瀋陽市區20公里，距離遼陽45公里，是瀋陽、遼陽、本溪、鞍山、阜新、撫順、鐵嶺、營口八大城市、2,400萬居民的共用機場，瀋陽機場航廈有T1（國內航線）及T2（國際航線）兩航廈，航廈分一樓及二樓，一樓是入境，二樓是出境。當班機抵達桃仙機場後，入境程式和青島流亭國際機場差不多，同樣也是（1）檢驗檢疫、（2）邊防檢查、（3）提取行李、（4）海關檢查、（5）離開機場。

由於機場的海關屬於管制區，不能拍照，桃仙國際機場網站並沒有出入境及機場交通圖示，但我相信入境的流程並不難，只要案步驟跟著其他旅客走，很容易就能通過海關的。

拿了行李，通過海關後，就進入大廳，一進入大廳後記得往左走，從機場大廳左側的出口出去，可看到外頭停了幾輛巴士，你只要注意旅客會靠過去的那輛巴士，就是往市區的機場巴士。記得要問在巴士旁的司機：「師傅，這巴士是往馬路灣的嗎？」只要確定，就安心了。單趟往市區的票價是人民幣15元。

要提醒你，桃仙機場往市區的機場巴士並沒有固定班次，而是只要有航班降落，就有機場往市區的巴士發車，入境後盡量不要在機場裡閒晃，畢竟巴士不會等太久。從機場出發到市區終點站馬路灣大約半小時，馬路灣和瀋陽火車站是在同一條馬路上，直線距離走路約20分鐘。

反過來，如果是從馬路灣搭機場巴士去桃仙國際機場，那就是從早上6點到晚上6點，每小時整點從馬路灣發車。

瀋陽桃仙國際機場的機場巴士路線圖

機場T2候機室→瀋陽電視臺（青年大街北文翠路口）→馬路灣終點站（二〇二醫院門口）

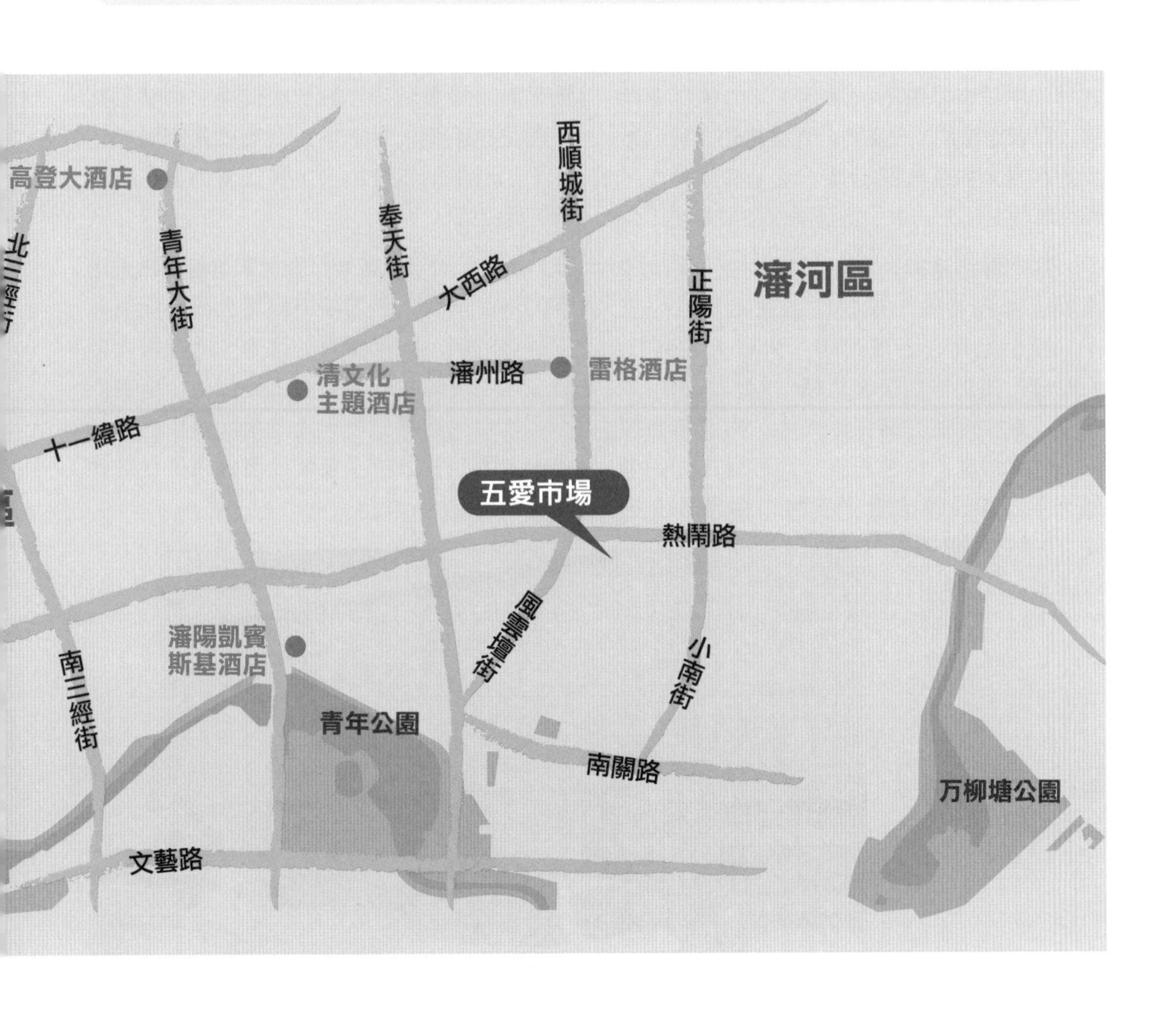

不過我們到馬路灣後，不需要先去火車站，而是去五愛市場附近的飯店入住。從馬路灣到五愛市場的熱鬧路並不會太遠，建議搭出租車（北方不講「打的」或「打車」，而是「搭出租車」）去吧，單趟的計程車起跳價是人民幣8元，3公里內不跳表，3公里後每550公尺加1元，至於晚班計程車起跳價則是9元。

馬路灣下車的地點是中華路，旁邊就是瀋陽富麗華大酒店（當然我不是要你住這裡，這是瀋陽的五星級飯店，價格肯定不便宜），中華路是瀋陽火車站正前方的主要幹道，兩者距離約1.5公里，我從瀋陽火車站走到馬路灣大約就是20分鐘，沿途商家林立，和火車站左前方的中山路是兩條主要幹道。

至於馬路灣與火車站距離約3公里，如果晚上才到瀋陽，那我建議就不要找公車了，搭出租車去五愛市場，大概人民幣10元左右。如果你怕被敲竹槓，就告訴出租車司機「走大西路右轉青年大街，再左轉熱鬧路」，這樣就不會被繞路，而五愛市場的旁邊十字路口（東北把十字路口稱為「交通崗」）就有3家連鎖飯店。

瀋陽到佟二堡海寧皮革城

在渤海灣區批貨，最累的兩段行程，大概就是（1）從青島市區到即墨的中國即墨服裝批發市場，以及（2）瀋陽市區到遼陽附近的佟二堡海寧皮革城，其他都還好。

既然已經談完怎樣從青島市區到即墨批貨，接下來，我們來談所有行程中另一段比較難走的批貨行程：從瀋陽市區到位於遼陽佟二堡的海寧皮革城批貨。

首先從瀋陽市、遼陽市、佟二堡的地理位置來看，可發現瀋陽在比較北邊，順著公路或鐵路往南走，第一個大城市就是遼陽市，接下來就是鋼城鞍山市，佟二堡則位在遼陽市的西北邊。

佟二堡海寧皮革城位在遼寧省遼陽市燈塔市的佟二堡鎮，從瀋陽市出發去佟二堡海寧皮革城的話，如果順著公路走，大多數人都是在燈塔市轉另一條縣道去佟二堡。但我們不可能自己開車去，一定是搭大眾交通工具過去，因此我分析了幾條從瀋陽市去佟二堡的路線。

■佟二堡海寧皮革城外觀

G1京哈高速
G1
G102
於洪全勝機場
皇姑區
瀋河區
於洪區
和平區
東陵區
G1
瀋陽市
沈環高速
G1京哈高速
G1601
G15瀋海高速
蘇家屯區
桃仙機場
025國道
S102
G010
瀋大高速
蘇家屯紅寶山機場
S101
S107
佟二堡
S304
G15沈海高速
遼陽市
白塔區
太子河區
文經區
G16
G91
S106
G91遼中環線高速
宏佛區
G91

瀋陽市區到佟二堡海寧皮革城的交通方式

方式1

瀋陽五愛市場客運站到佟二堡

五愛市場針紡城後方有一條翰林路，這裡還是五愛市場的區域內，翰林路上就是五愛深港國際美博交易中心，它的一樓就是五愛深港客運站，這裡有發往佟二堡海寧皮革城的班車。

五愛深港客運站是瀋陽最新完成的客運站，設在五愛市場內，正是為了紓解五愛市場龐大人流，也方便批貨商客不需要從火車站趕過來批貨，下車就等於到了渤海灣區最大的批發市場。

五愛深港客運站往佟二堡海寧皮革城的班車一天共4班，分別是5：30、6：00、11：40、12：45。單程票價為人民幣18元，從佟二堡回程往瀋陽則是8：40、9：40、14：20、15：20。記得，如果沒趕得上3：20這班末班回程車，那就得在佟二堡找飯店住了。建議到瀋陽後，可打電話到五愛深港客運站總機，確定往佟二堡海寧皮革城的班車，電話是（024）2411-3200，如果你已經人在瀋陽，就不用撥區號。

■五愛深港客運站外觀

方式2

旅行社「佟二堡海寧皮革城一日遊交通車」

由於佟二堡海寧皮革城是東北最大的皮草皮件批發商場，東北各地的消費者想買皮草皮件，這裡是不二選擇，因此瀋陽許多旅行社都提供一日遊行程。這個方式是最方便的交通方式。

基本上只要事先打電話去旅行社報名，預定出發當天一早7：30（或8：00）到指定地點集合報到，搭上車後就可直達佟二堡，車程1.5小時。這種旅行社舉辦的一日遊交通車，一天的費用在人民幣30～40元不等，另外也有免費的交通車，不過根據我的經驗，在大陸免費交通車的車況品質不會太好，我寧可花錢消災。

這種佟二堡海寧皮革城一日遊都會趕在早上9點到皮革城，下午3點集合準備回瀋陽市，所以你只有約6小時的時間批貨。

如何搭乘旅行社的一日遊交通車

打電話聯繫旅行社，告知要參加佟二堡海寧皮革城一日遊行程，記得詢問每一人的總費用（包括車費、保險費等）有無額外費用、付款方式（現場付款、提前付款的話，到哪裡付款）、當天集合地點與時間、當天聯絡人姓名電話。

出發當天提早半小時到較好，因為我們是外地人，給自己預留一些時間，萬一跑錯地方，才有一點緩衝時間。另外，這種佟二堡一日遊在瀋陽市區的集合地點，一個在鐵西廣場，另一個在瀋陽市政府的市府廣場電報大樓門口；鐵西廣場距離五愛市場下榻處要比市府廣場遠很多，所以建議預定行程時，告訴旅行社承辦人你會到市府廣場電報大樓門口集合，只要當天搭上車，一切就輕鬆了。

方式3

從瀋陽搭火車到遼陽，在遼陽火車站出口旁搭巴士到佟二堡海寧皮革城

如果能夠以第一或第二種方法前往佟二堡批貨的話，我是不太建議搭火車去，因為比較麻煩，等於得先從五愛市場的下榻飯店搭公車到火車站搭往遼陽的火車（第一個不確定因素就是到火車站現場買火車票會不會排很長的隊？）然後花45分鐘車程到遼陽火車站後，再到火車站右前方的巴士站搭往佟二堡皮件城的巴士過去，時間算起來絕不會比從五愛深港客運站搭直達車來得少，而且主要是換車的疲累感與擔心錯過車的不安全感才是比較麻煩的事。

佟二堡海寧皮革城一日遊的部分旅行社聯絡電話

1.直達巴士，電話：159-9835-3895

2.遼寧省中國國際旅行社三經街營業部，電話：（024）2350-1899

3.啟程旅遊網，電話：（024）8861-5369、139-9831-9259

4.瀋陽名流旅行社，電話：（024）8861-0357

5.瀋陽華夏旅行社，電話：（024）2252-2393、22529301

搭火車：瀋陽～大連

有兩種情況你可能會到大連：第一，聽說大連的小姐又高又漂亮，所以想去大連看看；第二，要到大連搭渡輪去威海批貨。因此，你必須知道怎樣從瀋陽到大連。

瀋陽與大連之間的城際交通大抵以火車與長途巴士為主，兩地的距離約400公里，搭火車依不同車種約4.5～5.5小時。

火車時刻表及票價查詢網址

瀋陽到大連：
www.huoche.biz/dz886c3396-2759de8f.aspx

大連到瀋陽：
www.huoche.biz/q.aspx

此外，瀋陽火車站有兩個，一個是老站，一個是新站，兩個火車站都有班車到大連，而瀋陽北站旁邊還有長途汽車站可搭長途巴士到大連。

五愛市場搭公車

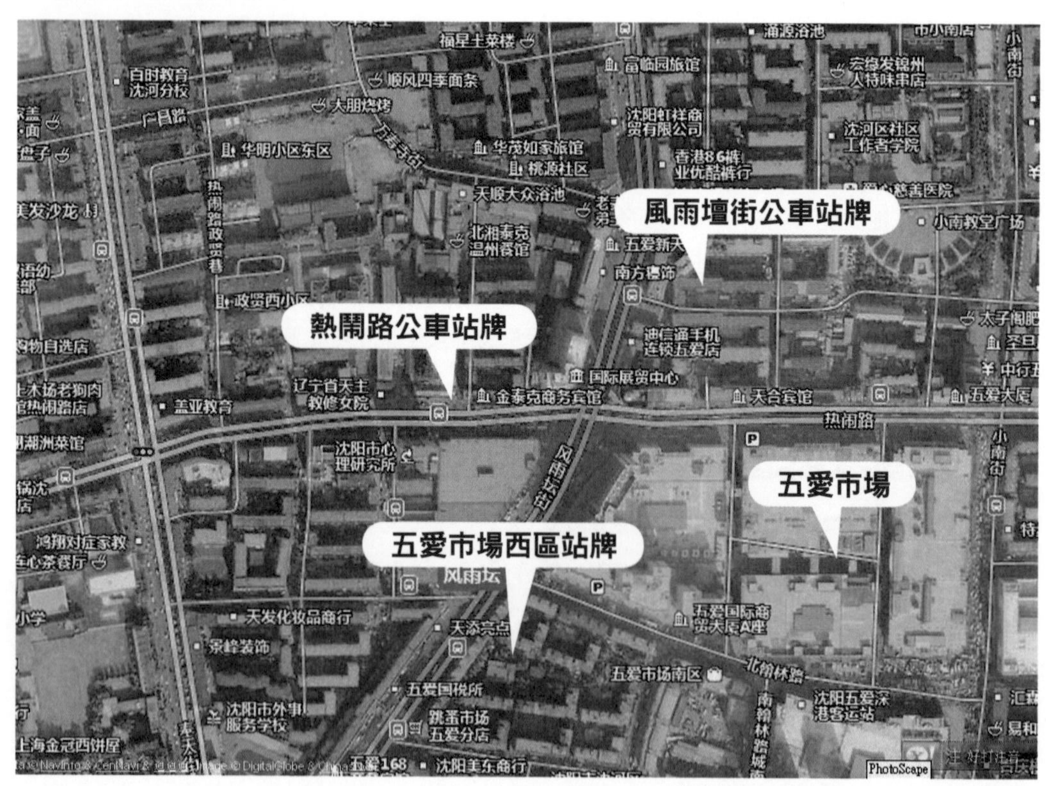

資料來源：百度地圖（網址：map.baidu.com）

從五愛市場到瀋陽火車站或瀋陽北站都有一班直達的公車，因此如果想要搭公車到瀋陽火車站或瀋陽北站（或是反過來走），或是想從五愛市場到西塔的韓國街或南塔的鞋類批發市場，都有公車可搭。以下是我幫大家整理的公車路線圖，這樣大家會在瀋陽市區搭公車會更有方向感了。

五愛市場→瀋陽火車站公車

（瀋陽站下車出站口右側有一麥當勞，過馬路直行都是大客車，50公尺處就是到五愛市場的公車站牌）

- 103路 五愛市場熱鬧路公車站牌→瀋陽火車站，經過11站
- 523路 五愛市場熱鬧路公車站牌→瀋陽火車站，經過12站

五愛市場→瀋陽北站公車

（瀋陽北站出站口右側就是公車站）

- 503路五愛市場風雨壇街站牌（或五愛市場西區站牌）→瀋陽北站，經過9站
- 224路五愛市場風雨壇街站牌（或五愛市場西區站牌）→瀋陽北站，經過9站
- 800路五愛市場風雨壇街站牌（或五愛市場西區站牌）→瀋陽北站，經過8站
- 334路五愛市場風雨壇街站牌（或五愛市場西區站牌）→瀋陽北站，經過8站
- 333路五愛市場風雨壇街站牌（或五愛市場西區站牌）→瀋陽北站，經過8站

五愛市場→南塔鞋城公車

- 224路五愛市場風雨壇街站牌（或五愛市場西區站牌）→南塔鞋城
- 523路五愛市場風雨壇街站牌（或五愛市場西區站牌）→南塔鞋城

五愛市場→西塔街（韓國街）公車

- 263路五愛市場西區站牌→西塔站（終點站）
- 326路五愛市場風雨壇街站牌→市檢察院站下車，往西（順公車方向）走約700公尺即達
- 260路五愛市場風雨壇街站牌→民族電影院站下車，往西（順公車方向）走約600公尺即達

瀋陽地鐵1、2號線

這幾年瀋陽也開始建構地鐵運網，目前正在興建的是地鐵1號線及2號線，兩條線垂直交叉成十字型，至於遠程路網規劃則再從這兩條線的相關站點延伸路線出去。

1號線及2號線於「青年大街站」交會，不過很可惜五愛市場並沒有地鐵規劃，只能說有兩個站離五愛市場較近，分別是1號線的「懷遠門站」，出站後順著西順城街往南走，接風雨壇街，步行約10分鐘可走到風雨壇街和熱鬧路的十字路口，就等於到達五愛市場商圈了。地鐵1號線是東西向，日後從瀋陽火車站廣場的對面就有地鐵1號線入口，搭4站就到達懷遠門站。

地鐵2號線是南北向，有經過瀋陽北站，至於離五愛市場最近的站點是「青年公園站」不過這站離五愛市場較遠，出站後必須走青年大街往北走，遇到第一條大的十字路口就是熱鬧路，右轉熱鬧路也是大約走10分鐘就可到達風雨壇街和熱鬧路的十字路口。

瀋陽市公車103路（五愛市場風雨壇站→瀋陽火車站）

資料來源：百度地圖（網址：map.baidu.com）

瀋陽市公車523路（五愛市場風雨壇站→瀋陽火車站）

資料來源：百度地圖（網址：map.baidu.com）

瀋陽市公車224路（五愛市場風雨壇站→瀋陽北站）

資料來源：百度地圖（網址：map.baidu.com）

瀋陽火車站這兩年為了適應哈爾濱到大連的高速鐵路發展而正在興建新站體，所以面對火車站的左方有兩個臨時的大型鐵皮屋，一個是售票區，一個是臨時候車室，現在大陸各種建設極快，所以在此也就不寫太過細微的資料，建議你出門在外，多開口多問，基本上人到了火車站是不會搞丟的。不過，以下有3點在此提醒你：

1.提前買好車票

到火車站買票的程序跟臺灣一樣，如果不是旺季（像是黃金週之類的長假期）應該當天買得到票。不過在北方，交通問題會比較緊張，我覺得一定要先規劃好行程，不能太悠閒自在；到大陸任何地方批貨、考察，我永遠相信「莫菲定律」，即倒楣事情絕對會發生，所以我寧可累一點規劃好行程後，提前去買車票。

2.搭火車提早1小時到

在大陸搭火車跟在臺灣是不太一樣的經驗，大陸大眾運輸站點（飛機場、火車站、長途巴士站、地鐵站）都有跟機場一樣的X光機檢查旅客行李，所以有時會花一點時間，而且候車的旅客非常多，而且是排在隊伍越前面的人先剪票進月台，如果買到的是沒有劃位的車票，當然大家都往前擠，所以建議盡可能買有劃座位的車票，否則站4、5個小時可真要命。

3.購買火車票需證件

我記得從2011年開始大陸實施購票實名制，也就是說買火車票需要有證件，因此別忘了買火車票時要帶臺胞證去。

搭長途巴士：瀋陽～大連

在大陸同一省內的城際旅行，除了搭火車外，長途巴士也是一個選擇，不過要注意一件事，大陸現在有一些跑城際的巴士是政府沒核可立案的，大陸叫「私車」，這些巴士的司機大多在火車站的廣場拉客，千萬不要被拉去坐這種車，萬一出事是沒任何保障的。

如果想從瀋陽搭長途巴士到大連的話，就先搭車到瀋陽北站，瀋陽北站除了是火車站外，正前方橫向大馬路是北站路，背對瀋

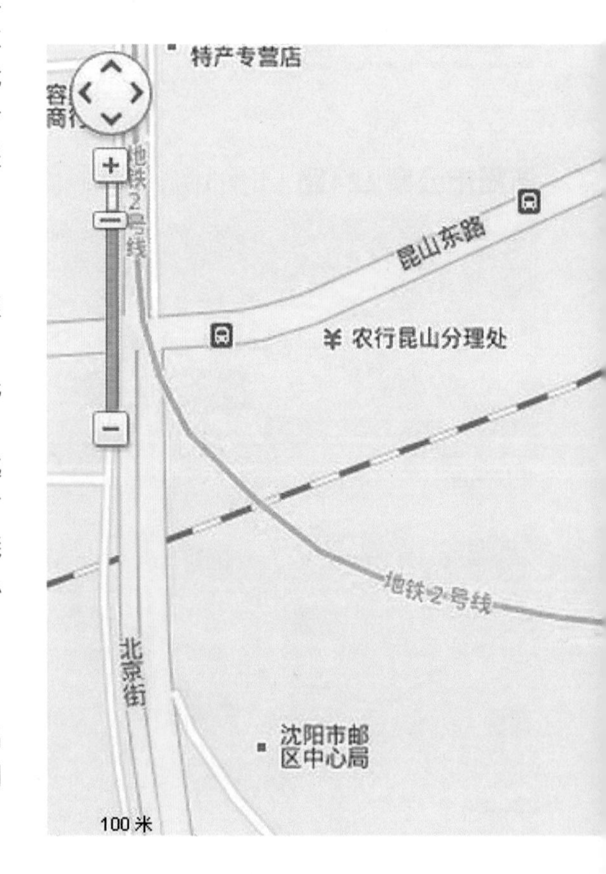

陽北站，朝左前方走會看到有一條惠賓街與北站路交叉，走進惠賓街約100公尺就會看到長途客運站，「虎躍快客」的乘車處就在裡面。如果你對路不熟，不要在站前廣場問那些過來找你搭車的人，他們肯定不會告訴你，寧可走到北站路對面，隨便找個人問都可問出來。

至於虎躍快客在大連的終點站是在火車站前站對面勝利廣場東側的九州華美達飯店旁邊，如果有問題，可打電話問一下，基本上都很容易找到的。

資料來源：百度地圖（網址：map.baidu.com）

跨海渡輪：威海～大連

在整個渤海灣批貨行程中，我覺得是最有意思的一段行程就是航行渤海灣，連接山東（煙台）與遼寧（大連）的渡輪。之所以要搭渡輪，主要是大連到威海最近的路線不可能是走陸路，而是走水路。

大連跟威海之間的海上直線距離不到200公里，航程為6小時，這樣的航程不長也不短，比瀋陽到大連的路程大約就多1小時，但搭渡輪還有一個特點是「嘗鮮」，所以當我從大連買了船票之後就開始興奮了。

大連到威海渡輪班次表

渡輪船名	發站／到站	運行時間	參考票價（人民幣）
生生1號	大連→威海 10:30大連港出發 17:30威海港抵達	6～7小時	特等艙980元 二等A艙380元 二等B艙350元 三等A艙260元 三等B艙240元 四等艙210元 散席（座票）160元
棒捶島號	大連→威海 21:30大連港出發04:00威海港抵達	6～7小時	特等艙880元 二等A艙380元 三等A艙280元 四等艙220元 散席（座票）155元

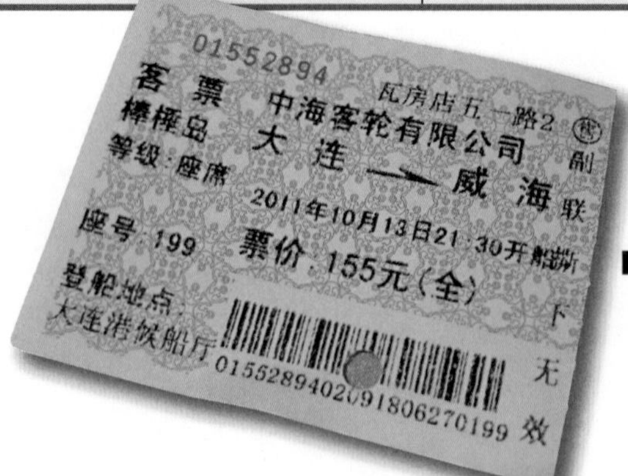

■大連到威海渡輪坐票要人民幣155元

瀋陽市
佟二堡
錦州市
盛錦市
遼陽市
鞍山市
葫蘆島市
營口市
秦皇島市
北京
丹東市
唐山市
天津
大連
滄州市
煙台市
東營市
威海市
濰坊市
濟南市
青島市
日照市

海威到大連渡輪班次表

渡輪船名	發站／到站	運行時間	參考票價（人民幣）
生生1號	威海→大連 21:30威海港出發04:30大連港抵達	6～7小時	特等艙1,280元 二等A艙390元 二等B艙350元 三等A艙310元 三等B艙290元 四等艙240元 散席（座票）170元
新生生	威海→大連 20:00威海港出發04:00大連港抵達	6～7小時	特等艙1,280元 二等A艙480元 二等B艙360元 三等A艙310元 三等B艙290元 四等艙240元
棒捶島號	威海→大連 20:00威海港出發04:00大連港抵達	6～7小時	特等艙880元 二等A艙480元 二等B艙360元 三等A艙310元 三等B艙290元 四等艙240元

船票價格有A艙及B艙的差別，A艙價格比B艙貴，原因是A艙是有窗戶的，B艙則沒有窗戶。如果你會暈船，那就早早到船艙躺平，否則難得有機會可以到甲板上晃晃看夜景。

■往返大連、威海的棒捶島號渡輪

哪裡買船票？

目前渤海灣兩岸共有三個港市有渡輪往返對岸，不管是在大連、威海、煙台的火車站周邊，都可買到渡輪船票。而且如果你是搭火車去大連的話，在火車上有穿藍色制服的列車乘務員會一路詢問旅客要不要訂渡輪船票或飯店訂房。不過因為有時服務人員說話有各地口音，她走過去時，可能你還聽不出來她在說什麼，在此教你一個訣竅，如果你有聽到「大連到煙台」、「大連到威海」這幾個字的話，那肯定就是銷售船票的乘務員了。

如果你還是錯過了，那也沒關係，就到大連火車站後再去買船票，大連火車站售票大廳門口的左邊有個窗口，就有銷售渡輪船票；但由於從大連火車站到渡輪港口還有一小段距離，大多數的渡輪都會在火車站前站廣場有免費接送巴士，因此不論是在火車上，或是在火車站周邊寫著「售船票」的銷售點買票，買船票前，一定要問清楚：你買的是幾等艙的船票？在哪個港口發船？訂的那班渡輪要提早幾個小時報到？是否有免費接送巴士？要提早多久在火車站廣場集合？否則還得自己花錢搭計程車去港口。

搭夜班渡輪的好處是可省下一晚的飯店費用，我從煙台回大連時是搭下午3點多的渡輪，到了大連已經晚上9點半；大連火車站到晚上9點後就沒有列車發出，等於得在大連過一晚，所以就看每個人對行程的安排了。

■大連火車站南站出口

從大連搭渡輪到威海的步驟

1

在火車上或火車站周邊的渡輪售票點買船票，並確定以下事項：

A.幾等艙的船票？

B.在哪個港口發船？

C.是否有免費接送巴士？

D.要提早多久在哪裡（例如火車站廣場的確實地點）集合？

2

於集合時間到指定地點集合，如果是在火車站廣場集合，請注意可能會有好幾輛巴士在廣場上，要確認是哪一輛巴士。

3

上巴士後，準備好證件，等待港區公安人員上車檢查證件。

4

巴士開往發船港口，進候船室。

8 走出威海渡輪碼頭，往右走，順著海濱北路有不少飯店，也可到遠一點的樂達飯店入住。

7 行李帶齊準備下船，下船後跟著旅客一起直接走出碼頭（如果是威海到大連的話，則跟其他旅客一起在碼頭搭免費接送巴士，導遊會在車上介紹他們的大連一日遊行程及飯店，告訴隨車導遊要到大連火車站下車）。

6 上船，找船艙，放行李，開始渡輪之旅。

5 時間到，排隊查驗船票，走路（或再搭一小段巴士）到碼頭。

搭渡輪往返威海或煙台到大連都是同樣的流程，不過有幾件事情要先告訴你，讓你有心理準備：

1. 大陸的免費接駁巴士很多都是中型小巴，車內不會整理得很乾淨，有些甚至感覺有點破舊。
2. 港區公安人員上車後，會核對個人證件。我曾經從大連搭船，在火車站廣場的接送巴士上，親眼看到公安將某位旅客的身分證插入像平板電腦的設備，連線後馬上知道有沒有任何案底，接著就把這位旅客帶下車去，大家議論紛紛，猜測他可能是有案在身。
3. 隨身行李要帶好。
4. 如果沒有免費接送巴士，就搭計程車過去，這點一定要事先確認。
5. 船上有餐廳，提供自助餐或套餐餐點，販賣部有賣泡麵、點心、飲料、啤酒，船上也有飲水機提供開水。
6. 大行李一定要上鎖，放在自己的艙房鋪位是安全的，但包包（包括貴重物品）一定要隨身攜帶。

我搭大陸臥車的經驗

在大陸搭火車，最好先了解一下大陸的列車等級，很多人第一次去大陸買火車票，看到時刻表上的G、D、T、K等字頭加數字的編號就昏頭了，我在這裡跟大家解釋一下。

大陸的列車種類

1. 高速動車組（字頭為G，漢語拼音就是GaoSuDongCheZu，取其「高Gao」字頭）
2. 城際動車組（字頭為C，漢語拼音就是ChengJiDongCheZu，取其「城Cheng」字頭，例如行駛北京～天津、深圳～廣州的動車）
3. 動車組（字頭為D，漢語拼音就是DongCheZu，取其「動Dong」字頭）
4. 直達特快（字頭為Z，漢語拼音就是ZhiDaTeKuai，取其「直Zhi」字頭）
5. 特快列車（字頭為T，漢語拼音就是TeKuaiLieChe，取其「特Te」字頭）
6. 快速車（字頭為K，漢語拼音就是KuaiSuLieChe，取其「快Kuai」字頭）
7. 管內快車（字頭為N，漢語拼音就是GuanNeiKuaiChe，取其「內Nei」字頭）
8. 數字1001-5998－普通旅客快車（普快）
9. 數字6001-8998－普通旅客列車（普客，站站停的慢車）

在臺灣生活，很難體會到什麼叫火車的「臥車」，2010年我從廣州到北京出差，起初確實有想過搭臥車北上，但上網看了一下班表，發現時間上有點不是那麼剛好，但票價倒是不貴，從廣州到北京票價人民幣485元，車程22小時，想搭的人可以參考看看。

我最後還是決定搭機北上，但票價不便宜，我記得單程好像花了快人民幣1,300元，快跟我臺北香港來回機票等價了。不過從北京再到遼寧的鞍山，那就只能搭火車。就這樣我興沖沖地提前幾天到北京火車站買車票。

大陸的K字頭快車，又常被稱為綠皮車，因其車廂是綠色之故，不過快車一點都不快，K字頭等於臺灣的區間車等級，但K、T字頭火車通常都掛有硬座、軟座、硬臥、軟臥四種車廂，車票價格也按此編列由低而高。但我研究了時間表，覺得從廣州到北京，不論是搭K或T字頭火車，都沒有差太多時間。

北京到鞍山因為距離不遠，大約就是7.5小時車程，最好的安排就是搭夜班車，這樣等於省下一晚的北京或鞍山飯店住宿費用。

最後一天在北京，我把行李寄放在7天酒店的櫃檯，告訴櫃檯人員我晚上8點前回來領，剩下的半天下午就跑去北京故宮攝影。

■典型的大陸綠皮車

晚上8點準時回到飯店，提了行李開始另一段旅程。從北京地鐵10號線勁松站出發，在國貿站下車，再轉1號線，到建國站後，再轉2號線，大約15分鐘就到北京站。順著地鐵站出站的指示標誌很容易就可找到出口。

原本還擔心晚上的北京火車站會不會空蕩蕩的？一個人拖著行李走在北京火車站廣場會不會有安全顧慮？出地鐵站後，才發現自己的擔心都是多餘，除飛機外，北京車站幾乎是所有到北京訪客最主要的交通工具，因此即使是晚上9點，火車站廣場依舊人聲鼎沸，到處都是幾個人一窩地等發車時間。

我搭了不少趟大陸火車，幾乎沒有不誤點的，問題可能出在每站上下車的時間，如果每一站平均耽誤2分鐘，30站下來就延誤1小時了。我的K95班車最後也延誤了半個鐘頭多。

在北京不管是火車、飛機或地鐵，通通都要過X光機，過了X光機後就進入火車站大廳，正前方有一個LCD螢幕看板，上頭會有班車與候車室的編號，不難懂的。我拖著行李上2樓的6號候車室，裡頭沒開空調，熱到爆。整個人一直冒汗，最後找了最角落的咖啡店，點了杯冰咖啡解熱。

延誤了半個小時，終於聽到廣播說可以剪票了。在大陸搭火車要記得，如果聽到廣播說幾點發車，提前半個鐘頭就可去排隊剪票，否則會有點趕，到時可能就變成跳火車了。

順著人群走，發現人越來越多，大家都擠在剪票口前，什麼叫人多？那時候才發現原來自己擠在人群中是如此渺小。我把背包背到身前，畢竟人與人太貼近了，如果一個不留神，確實有可能背包被割開自己也渾然不知。

剪了票等於進站了，順著人群走，會發現走在橫跨鐵軌的走道上，到每個月台的走道邊都會有LED看板指示這是那班列車，所以不會走丟的。不久後，就走到K95班車的停靠月台了。

我想沒搭過大陸夜班臥車的臺灣人應該會擔心幾件事情，第一、行李會不會掉？第二、萬一睡著了，會不會錯過站？

我覺得不用太擔心，首先，每節車廂都有一位乘務員，他的工作除了提醒乘客準站下車外，多少有點保全的味道，而且火車在靠站時，每個車廂的車門是鎖上的，乘客只能在自己的車廂內走動，月台上的閒雜人等也進不來，因此不用太擔心大件行李會搞丟，不過以臺灣人的習慣，我就建議隨身貴重小行李放在靠窗床頭自己的枕頭邊，這樣就不用太擔心了。

每一節火車車廂都會有洗手間、洗臉台、熱水器，所以我一上車把行李放妥後沒多久，就聞到車內開始飄出牛肉麵的氣味，原來有人開始吃宵夜了。隔天早上5點過後，開始有人起床刷牙洗臉上廁所，跟住青年旅舍還真的沒差太多。

大陸軟臥車票票價不便宜，因此如果要搭臥車，硬臥應該足矣。不過軟臥四人一間，而且有門可以關上，感覺有點隱私（相反地，如果只有你一人搭車，你敢與另外三個陌生人關在一個小車廂內嗎？）硬臥則是整個像開放式的通鋪，但這通鋪還是以6個鋪位為一單位隔開，而且從車廂頭走到車廂尾，你都可以看到每張鋪位上的人在做什麼，其實這是個滿有趣的經驗。

至於第二件事，我上了車才知道，原來大陸鐵路系統是這樣解決長途車程乘客下站的問題。按車票找到自己的車廂上車後，一上車見到的第一個人就是乘務員，他會主動要你的車票，看你是不是想搭霸王車，接著他會拿一張上面寫著和車票同樣車廂與鋪位的卡片給你，他把你的車票收在一個像名片夾的本子裡，等他蒐集到該車廂所有乘客的車票後，他會按照下車車站的順序排列，例如K95次列車是從北京到撫順北（撫順是煤都，鞍山是鋼城），假設有乘客是到離北京不遠的唐山下車，乘務員手上不是有你的火車票嗎？他就知道有乘客要在唐山下車，於是他會提早20分鐘到你的鋪位找你，提醒你要準備下車，這樣你就不會錯過站了，我也是靠這套系統，沒有錯過在鞍山站下車。

雖然沒有高科技協助，但大陸長途火車靠這套簡單的系統，同樣可以不出差錯，只是前提是要有足夠的營運人員。

■搭大陸火車可體驗庶民生活

第五章 住宿餐飲篇

出門在外，住宿永遠是個大問題，在拙作《南中國批貨》中曾說到，到廣東批貨如果要省住宿費的話，住朋友家是最省錢的，只不過不是每個人在廣州、虎門都有朋友，即使有，如果僅是泛泛之交也不好意思開口住朋友家，更何況到渤海灣批貨，想要在批貨城市有好朋友那就更難了，所以我們還是乖乖地找飯店住吧！

渤海灣批貨吃什麼？

由於一天的批貨行程下來非常累人，也很耗體力，因此早上能有豐盛（或吃得慣）的早餐就變得非常重要。在北方，各種餐廳或小吃店都有，不過我擔心的是有些小吃店你不見得敢嘗試，所以如果你習慣麥當勞、肯德基這類臺灣常見的國際品牌速食店的話，倒也是解決三餐的好地方，另外像永和大王也是臺商在大陸開的知名連鎖速食店，我在青島火車站斜對面的永和大王也吃過，大陸的永和大王不只賣豆漿、燒餅，還有很多客飯餐點，所以永和大王除早餐外，中晚餐，甚至宵夜都有賣，口味沒問題，價格還算合宜。

另外在北方還常見一個連鎖牛肉麵品牌「李先生」，紅底黃字，旁邊掛著一個老先生肖像的圓形商標，非常好認，也算是在渤海灣城市常見的連鎖中餐品牌，我吃過好幾次，覺得它的牛肉麵有一定水準，另外米食餐點，像是魚香茄子飯、香菇雞飯、紅燒牛肉飯等，如果不習慣吃麵點的話，這裡也有米飯餐點可選擇。

對了，「李先生」速食店剛在大陸開店時是叫做「李先生美國加州牛肉麵大王」，後來因為有太多小麵館也搞個「王先生加州牛肉麵」之類的麵館，外地人一下子也搞不清

■華聯商場一樓有永和豆漿

楚，不過目前大陸使用「美國加州牛肉麵大王」這一品牌的速食店有兩家比較大，一家是美國鴻利國際公司授權的「吳京紅美國加州牛肉麵大王」，另一家就是剛剛提到的北京李先生加州牛肉麵大王有限公司的「李先生美國加州牛肉麵大王」（現已更名為「李先生」），這兩家速食品牌在大陸都有數百家分店，所以都算大品牌，這兩個品牌的餐點都還不錯。

還有一家大陸的連鎖速食品牌叫「真功夫」，他的商標更好認，就是功夫巨星李小龍在電影「龍爭虎鬥」中身穿黃色運動裝的圖像造型，「真功夫」其實是取「蒸」的諧音，所以它的原盅蒸飯算是它的核心產品，接著慢慢發展出湯粉米線的餐點，不過我吃過的經驗是「價格適中」、「分量不足」。不過「真功夫」在瀋陽五愛市場正對面有一家分店，中午想簡單解決，或是想試試他們的蒸飯，也可以去吃吃看。

■真功夫中式快餐店真是無所不在

挑選飯店

我在挑選批貨的住宿飯店時，條件不外乎是（1）價格、（2）離批貨地區的距離、（3）安全與乾淨、（4）生活機能。不過到渤海灣城市批貨，條件沒變，但優先順序就會有點調整。

第一，我會盡量選比較靠近批貨商場，或是交通較為便利的地點（像是附近有長途巴士站、火車站）；第二，考慮安全與乾淨，因為如果每天要花太多時間在交通上，那真的很不方便，我可不想讓你只來一次，下次就不敢再來，這樣也失去這本書的意義了。第三，我才會考量價格，最後才是生活機能。

到渤海灣城市批貨，如果是以一次跑1省2城市來看，扣掉前後2天，大概還是以總天數7天較保險，這比起去廣東批貨大概多2天，由於渤海灣批發商場的營業時間都很早，夏天時清晨5點就開始營業，晚點去有些貨可能已被當地或外地搭夜車來的中盤商掃走，所以如果早點到比較好，這也是我覺得選擇住宿飯店時，以交通方便為首要條件。也就是說在渤海灣批貨，住宿飯店的選擇條件會是（1）方便、（2）安全、（3）價格、（4）機能。

位於嶺南的廣東夏天非常悶熱，我曾有一次去廣州，才不到幾天就中暑，渤海灣城市則比較不會那麼熱，反而是冬天會很像首爾的氣候，不是乾冷就有可能下雪，因此住得離批貨商場越近，就少忍受冰雪風寒。

■青島火車站後面的酒店房價便宜，但該有的也都有

怎樣找飯店？

如果要你自己上網找飯店，可能也不知道到底飯店所在地區方不方便，生活機能好不好，加上大眾交通工具離飯店近不近等問題。我的作法是要找到飯店與大眾運輸系統（公車及地鐵）的網站，透過這兩種網站來互相參考查核，這樣會比較容易找到符合需求的飯店。

到渤海灣城市批貨，我習慣住平價連鎖飯店，因為各分店的品質不會差太多，不過平價連鎖飯店可能並沒有提供餐飲服務，幸好這些飯店的周邊都會有一些連鎖速食店，也算是魚幫水、水幫魚了。

找飯店的注意要件

1. **規格與價格**：標準雙床房、大床房、商務房等，不同房型價格不同。
2. **交通設施**：飯店離地鐵步行距離、附近有哪幾路公車。
3. **餐飲設施**：有無內設餐廳、是否提供早餐、周邊有無速食店或餐廳。
4. **寬頻上網服務**：大陸叫「寬帶」，現在大陸的平價連鎖飯店都還是提供一條寬頻線，所以如果帶筆記型電腦去就問題不大，因為除了UltraBook之外，一般筆電上都有一個RJ45網路插頭可用。但平板電腦就麻煩了，所以最好還是買個MicroUSB轉RJ45的轉接頭，才能解決上網問題。

■樂達快捷酒店的雙床房

5. **有無提供盥洗用品**：現在像7天酒店已經不太提供免費牙膏、牙刷、梳子這類盥洗用品，所以最好還是自己帶旅行組去。

■在四方汽車站旁有一些廉價旅館，但就看你敢不敢住了

一手掌握所有飯店房價的「去那兒網」

有關飯店的房價部分，每年會因為春節、五一黃金週、十一國慶這三個重大節日而調漲，其他時間渤海灣城市的連鎖飯店價格都挺合宜的。通常除了上這些平價連鎖飯店的官網去查要去批貨那幾天的房價外，我還會上「去那兒網」網頁看看。這個「去那兒網」是大陸現在非常受歡迎的旅遊網站，版面設計清爽。假設想要搜尋青島四方長途汽車站附近的飯店的話，這個網站可以幫我們搜尋出四方長途汽車站附近的登錄飯店及房價，而且還有地圖可參考，讓人很容易判斷哪家飯店最適合自己的需求。

「去那兒網」的飯店搜尋功能

1 打開「去那兒網」首頁（www.qunar.com），首頁上方有幾個書籤，中間一個是「酒店」，點擊後進入酒店搜尋的網頁。

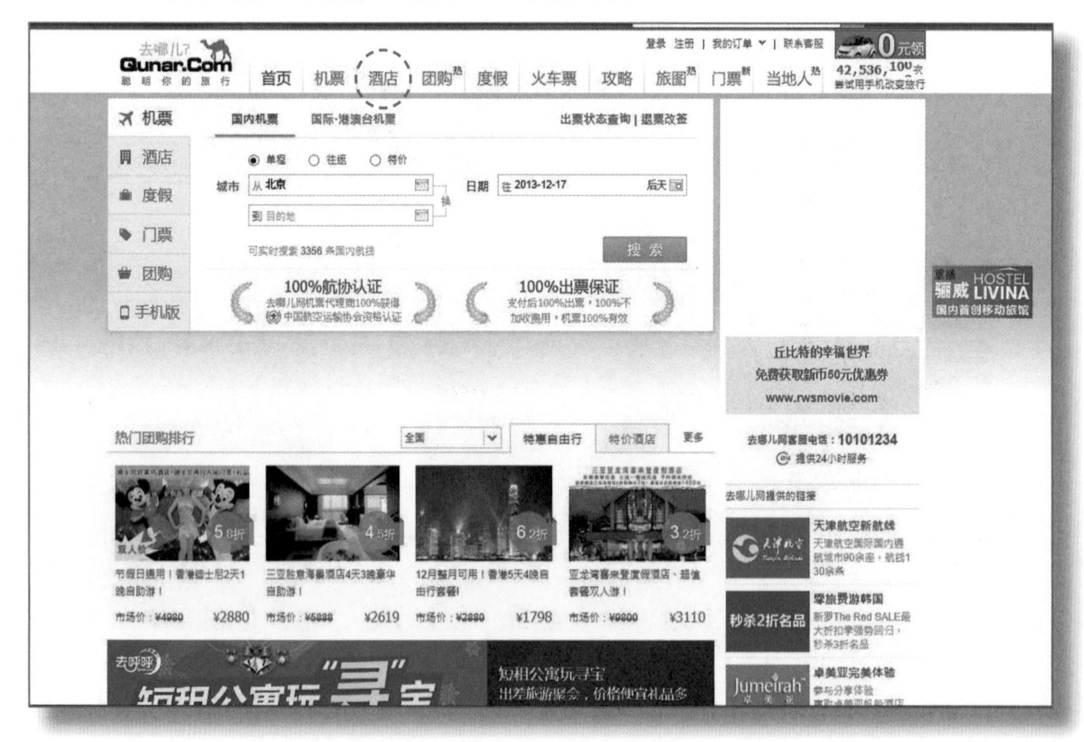

2 點擊進去後，在左上方的「目的地」輸入「青島」，右邊的「要找」則輸入「青島四方長途汽車站」（「要找」的意思就是輸入要找的地標），下方再輸入「入住日期」及「離店日期」後，點擊搜尋。

3 點擊後，會出現搜尋結果，網頁左邊是搜尋出來在四方長途汽車站周圍飯店編號及最低房價，網頁右方則有一小塊搜尋結果的平面圖，點擊平面圖上方的「＜地圖找酒店」按鍵。

去哪儿? Qunar.Com
首页 机票 酒店 团购 度假 火车票 攻略 旅图 门票 当地人
42,541,819
酒店搜索 客栈民宿 酒店一口价 高端酒店 酒店点评
青岛 | 入住 2014-01-01 元旦节 | 离店 2014-01-06 周一 | 青岛四方长途汽车站 | 搜 索
价格范围 不限 ¥200以下 ¥200-¥300 ¥300-¥500 ¥500以上 自定义
酒店级别 不限 经济型 二星级/其他 三星级/舒适 四星级/高档 五星级/豪华
连锁品牌 不限 如家快捷 锦江之星 7天连锁 速8 尚客优 汉庭酒店
酒店类型及入住要求
94 家酒店满足条件
默认排序 距离 星级 评分 价格 只看有房 只看团购
距离长途汽车站：不限 1公里内 3公里内 5公里内
1 汉庭酒店青岛汽车总站店 经济型 地图
该酒店曾用名/别名为"汉庭快捷酒店(青岛四方长途汽车站店)"，位于四方区，距长途汽车站直线距离约0.8公里。位于四方区杭州路，毗邻海云庵文化街、国美电器、四方机厂。(四方长途车站)
26条点评 "前台热情周到"
青岛经济型酒店好评第127（共218家）
¥108起
酒店团购 ¥108
更多报价
＜地图找酒店
杭州路 人民路 雁山立交桥 青岛市四方区政府 青岛理工大学 华阳路 敦化路
© 2013 Baidu - Data © NavInfo & CenNavi

4 在放大的平面圖中，點選自已想查看的飯店，就可查看飯店詳細內容。

好用的大陸交通住宿地圖網站

7天酒店：www.7daysinn.cn

如家快捷酒店：www.homeinns.com

錦江之星：www.jinjianginns.com

華住酒店（原漢庭連鎖酒店）：www.huazhu.com

攜程網：www.ctrip.com

行遊天下網：www.chinahotel168.com/hotel/hoteldetail.asp?ID=1131

去那兒網：www.qunar.com

圖吧Mapbar：www.mapbar.com

7天酒店

如家快捷酒店

錦江之星
華住酒店
攜程網

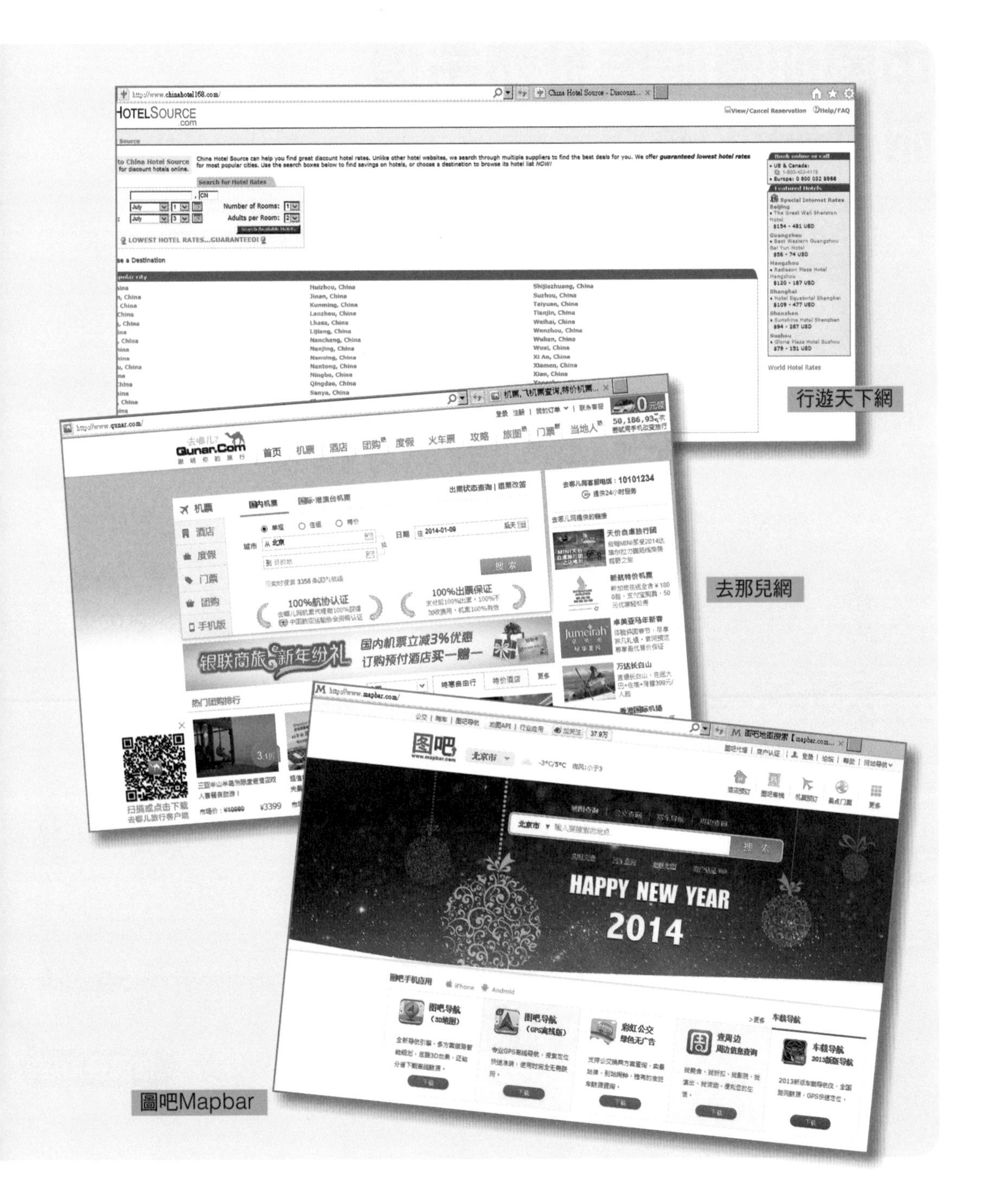
行遊天下網
去那兒網
圖吧Mapbar

中國即墨服裝批發市場附近的飯店

青島和即墨之間需要搭即青快客才能到達，而如果住在青島火車站附近的話，剛好一個在最南端，一個在北邊，我跑過一次後就覺得這實在不是辦法，所以我建議至少要住在四方長途汽車站，才會比較近一些。

我在前面提到，在青島批貨，如果為了方便而住在即墨市區，過傍晚之後，那邊就真的滿無聊的，晚上只能在附近找個餐館吃飯，剩下的就是在飯店裡理貨、看電視，因為我不建議你晚上在即墨市區閒晃，所以說如果因方便批貨而住在即墨市區的飯店，那真的會滿寂寞的。

中國即墨服裝批發市場和即墨小商品批發城都位在即墨市的鶴山路上，中國即墨服裝批發市場位於鶴山路與華山一路的交叉口，是在鶴山路的最西端，因此如果真要住在即

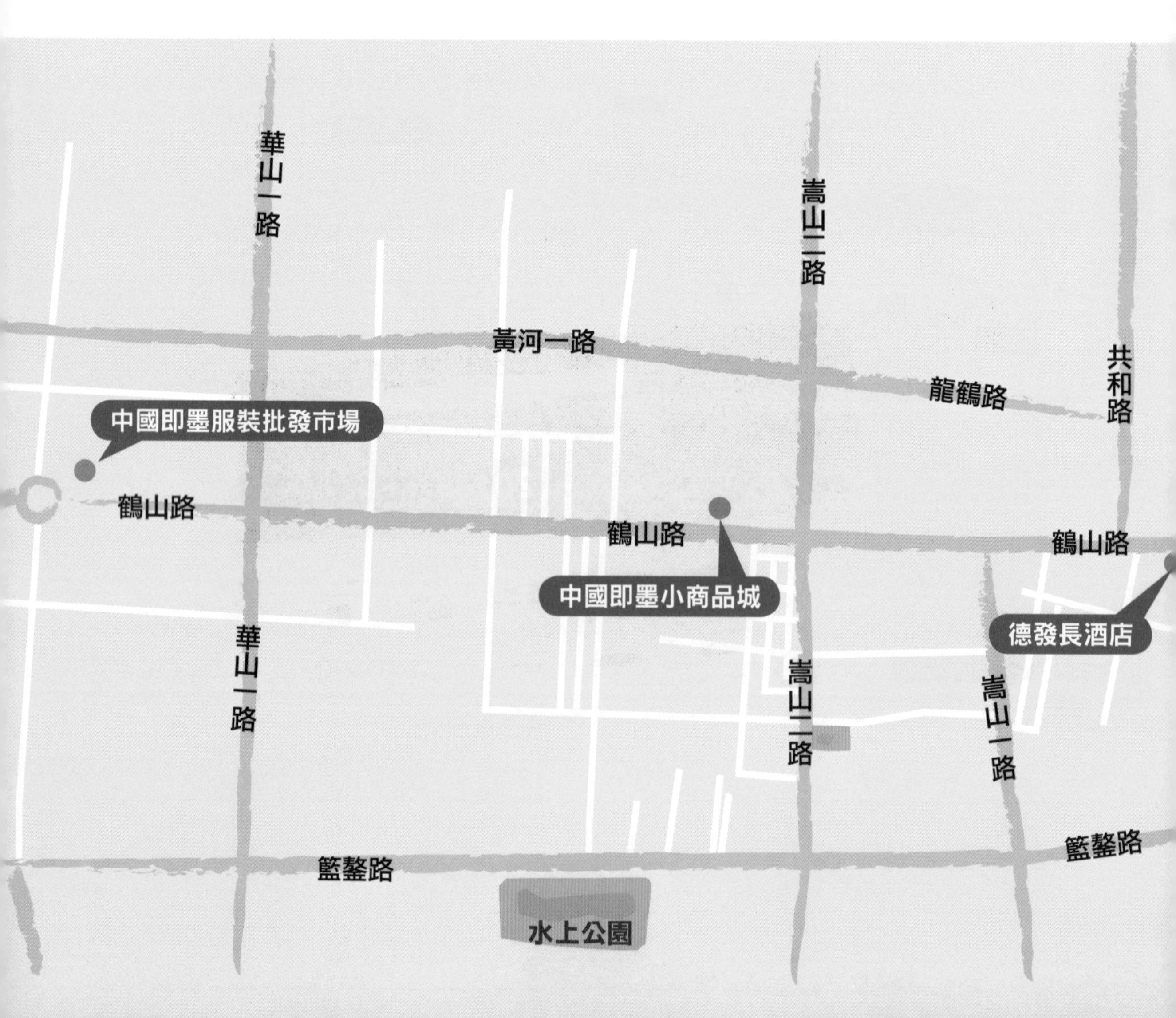

墨市區，我建議就找鶴山路上的飯店，如此一來飯店和批發市場都在同一條路上，也不會有找路的問題。如果從即墨服裝批發市場順著鶴山路往東邊找飯店，大概會找到幾家飯店，如果是由近而遠排列的話，分別如下圖。

從這張地圖可看出，這3家飯店中，如家快捷的即墨市鶴山路店距離兩個商場最遠，大約3公里左右，都市118連鎖酒店即墨鶴山正發店居次，德發長酒店離商場最近。

不過我還是建議去住如家快捷酒店，雖然距離兩個商場最遠，不過附近就有公車站牌，可搭2路及6路公車，沿途會經過即墨小商品城，終點站就是即墨服裝批發市場，搭計程車的話，距離約3公里，計程車費約人民幣12元之內。

而從如家快捷酒店沿著鶴山路往批發市場方向走300公尺就是鶴山路與煙青路交叉口，右轉到煙青路後走200公尺就有一家家樂福，想買些吃的、用的，都可以在這裡購買，所以生活機能還算便利。

- 德發長酒店（地址：即墨市鶴山路807號）
- 都市118連鎖酒店即墨鶴山正發店（原正發賓館；地址：即墨市鶴山路442號）
- 如家快捷青島即墨鶴山路店（地址：即墨市鶴山路555號）

青島四方長途汽車站附近的飯店

如果撇開一定要住在離即墨服裝批發市場及即墨小商品城最近的鶴山路的話，青島市區的四方長途汽車站也是個進可攻、退可守的地方，因為青島往威海、煙台、濟南或其他城市的長途巴士有不少是從這裡發車的，而且四方長途汽車站是公營長途巴士站，站體、巴士、人員都比較有制度。

大陸的運輸產業是個非常龐大的產業，想想看，每天有多少人在各處移動，不管是人或貨物，所以我每次看到大陸春運時，幾十萬人排在火車站前等火車的新聞，都會為自己不需要為了過年長途跋涉而心懷感激。即使到現在，搭車也是我在大陸出差、工作，感覺最視為畏途的經驗之一，所以不管是青島四方長途汽車站或威海汽車站，都是整理得很整潔、很有秩序的巴士站，所以要從青島到其他城市，如果不搭飛機、火車的話，我很建議來四方長途汽車站搭車。

四方長途汽車站周邊很熱鬧，而且要去台東商圈也很近（其實四方站本身已經算是在台東商圈了），從上圖來看，可發現錦江之星離車站最近，四方大酒店次之，速8酒店最遠，不過也都是非常近的酒店了。

■青島四方汽車站的購票區

速8酒店也是大陸另一個連鎖平價飯店，在廣州的站前路上也有，離白馬、天馬、步步高、紅棉等服裝皮件批發商場很近，如果要去廣州批貨的話也可以住在這裡。

速8酒店和7天的水準差不多，據説是於美國南達科他州（South Dakota）起家的汽車旅館，2004年進入中國市場，速8酒店和戴斯（Days Inn）、華美達（Ramada）同屬溫德姆（Wyndham）酒店集團，所以基本上品質有一定的水準，現在在主要城市都有分店，像威海、大連、瀋陽都有。

速8酒店青島長途汽車總站店

地址：山東省青島市四方區溫州路1號乙

速8酒店青島長途汽車總站店共有經濟雙床房、標準大床房、標準雙床房、標準三人房、商務房、套房等多種房型；最便宜的是經濟雙床房，飯店都是一張大床比兩張單人床的房間貴，一般情況當然是住經濟雙床房囉。

這家分店的外觀和所有的速8酒店一樣，都是漆成深米色，外牆上貼著大大的「8 Hotel」商標，挺好認的；如果是站在四方長途汽車站前，面朝溫州路的話，速8酒店就在右前方不遠處。

此飯店在二樓有自營餐廳，提供早餐，不過有些時候房價是含早餐的，有時沒有，我記得如果房價中不含早餐的話，早上想要在飯店的餐廳用早餐，一人份是人民幣20元。而附近也有麥當勞（就在四方長途汽車站裡）、肯德基（沿溫州路往東走約500公尺）、永和大王、好一家牛肉粉等速食或速食店，同樣的花費，吃得更好。

飯店的房間裡有獨立衛浴設備，服務人員每天都會打掃房間；房間也有寬頻網路，連上電腦後，通常都需要輸入房號之類的密碼，上網說明就放在靠牆壁的書桌臺上，如果搞不懂，可以打電話到櫃檯，他們通常會請樓層的清潔服務人員過來協助（我就是一開始搞不懂，後來服務人員換了一條寬頻網線，就成功上網了）。

青島四方大酒店

地址：青島市四方區溫州路1號

青島四方大酒店是一家三星級的飯店，基本上星級的飯店都有一定的服務水準，連鎖平價飯店是沒有門房的，這家三星級飯店則有門房在門口服務，而且一般飯店都是幫客人保留房間到晚上6點，最遲還會多保留到晚上8點，但我們搭晚班飛機到青島，到青島市區可能都已經10點了，他們還是幫我保留到這麼晚，所以我感覺這家的服務不錯。

當然除此之外，飯店不僅是門房、櫃檯或各樓層的服務人員，服務態度都有到位，很客氣熱情，而且房價也不會特別貴，跟錦江之星同房型只差人民幣1、20元，有時候則是一樣價錢。飯店大門口就有即青快客和機場巴士站牌，對外真是非常方便，至於要去附近的台東商圈（那兒有購物中心、3C大賣場等）搭公車也只要2站，對面很多路公車都有到青島火車站，夠方便了吧。

不過青島四方大酒店有高低兩棟樓，高的是東樓，低的是西樓，西樓面對溫州路，會比較吵，而且當地人認為，西樓算是招待所的等級，東樓才是三星級飯店等級，所以在櫃檯準備入住前，一定要問清楚櫃檯人員說的房價是「東樓還是西樓？」如果是西樓的話，那就算了，寧可去住錦江之星。

■青島汽車站對面就是四方大酒店

錦江之星青島長途汽車總站店

地址：青島市四方區溫州路2號

青島共有12家錦江之星酒店，錦江之星青島長途汽車總站店位在青島長途汽車站旁邊，雖然就等級來看，是介於四方大酒店與速8酒店之間，不過我覺得這一家錦江之星酒店的軟硬體設施都跟四方大酒店有過之而無不及。

就硬體設備來看，這家錦江之星也有附設茶餐廳，也有小型商務中心，大廳有公用電腦可以上網，臨時查詢資料是可用，但我不建議在公用電腦上自己的網路信箱收發信，因為不是別人會盜取你的密碼，而是你可能離開時忘了登出，後面的使用者就直接進入你的信箱了。

這家錦江之星是剛開沒幾年的飯店，所以硬體設備很新，不僅是飯店大廳，連洗手間、走道，都有三星級的水準，而且所有的錦江之星酒店在門禁上管制得非常嚴，想要搭電梯上客房樓層，得用自己的房卡在電梯內刷卡，電梯才會上樓，我覺得這一點很不錯。另外它的茶餐廳也提供早餐，一餐收費人民幣18元，感覺挺豐富的，比起速8酒店的早餐要豐盛很多，如果不想老是把錢送給麥當勞叔叔或桑德斯上校（肯德基炸雞創辦人）的話，也可以嘗試在茶餐廳吃一餐看看。

很多人都說這家錦江之星的軟硬體設備好，甚至比青島一般三星級飯店都還要好，不過因為就在長途汽車站旁邊嘈雜聲是免不了，所以在入住時，可向櫃檯要求能否住高樓層一點，這樣就會安靜很多。

■四方長途汽車站旁的錦江之星

威海海濱北路附近的飯店

威海是山東知名的旅遊城市，在靠近海濱的環翠區是當地較高級的區域，批貨商場集中在威海旅遊港口附近的商業區，不過也因為是旅遊城市，飯店價格普遍不便宜，平均都在人民幣200元以上，300元的也很多，所以真的是旅遊城市。不過我還是試圖在批貨商場的海濱北路上

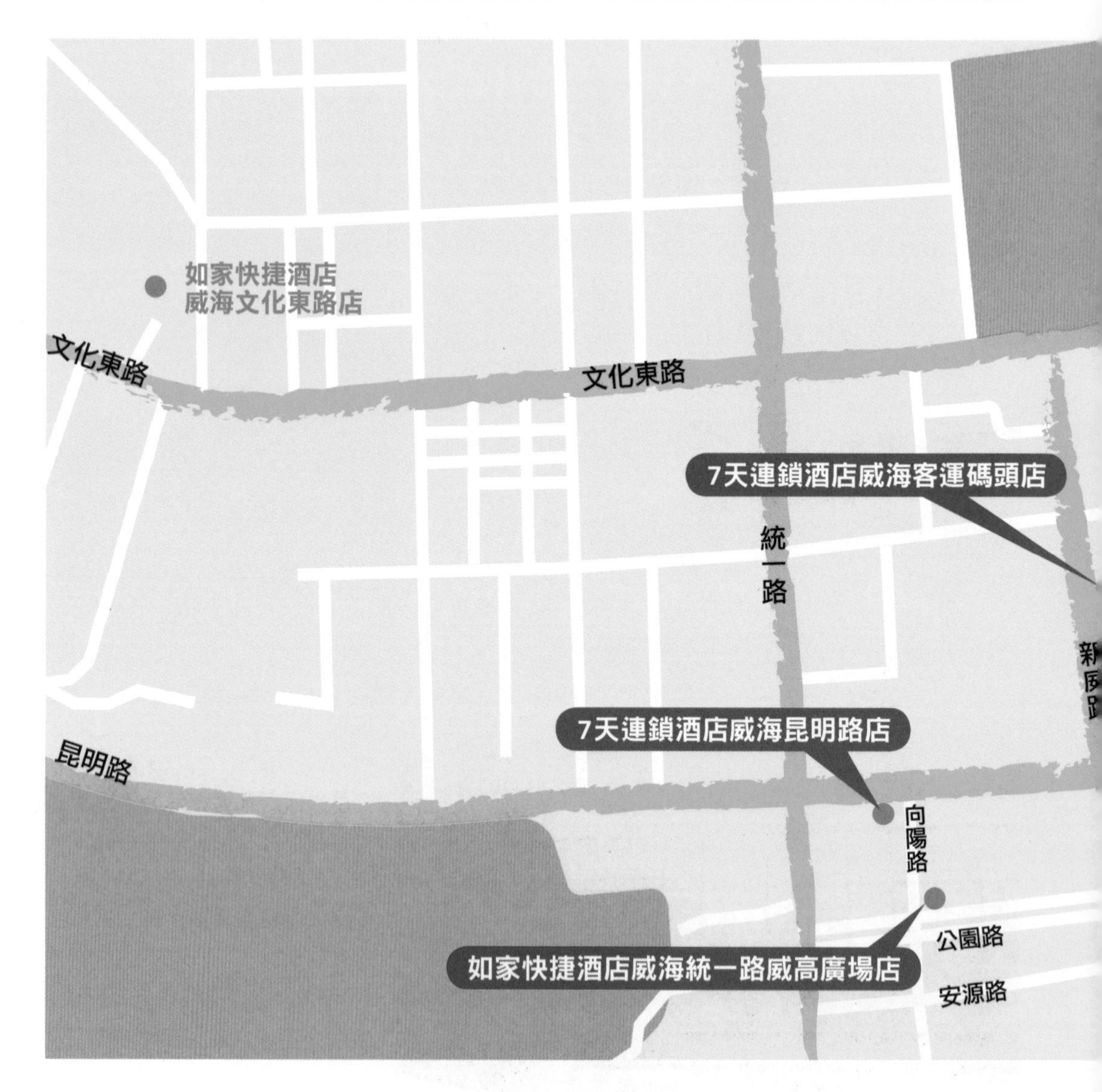

找找有沒有平價連鎖飯店，最後找到幾家。

威海的批發商場多集中在昆明路以北，海濱北路以東的大商圈區，而昆明路是威海環翠區的主要幹道，在昆明路兩邊都可以找到各種國內外知名連鎖餐廳，所以吃飯在威海不是問題。

速8酒店威海外灘店

地址：威海市環翠區海濱北路48號

速8酒店在威海環翠區的濱海北路上也有分店，如果從大連搭渡輪到威海，下船後走出威海旅遊碼頭後往左走，大概走不到50公尺就是速8酒店了。

距離威海批發商場區走路大概只要7分鐘的路程，而且也非常靠近海灘，走出飯店往北走，向海邊望去，有個小島，那就是威海很有名的劉公島，因為這一帶的海灘是向東入海，所以早上可以看日出。

如果不想跑到昆明路上去吃飯，在速8酒店旁邊就有必勝客、可德基。如果想嚐嚐大陸當地的連鎖品牌（像好利來）或當地的餐館，沿著昆明路走，會先遇到新威路；在左方的新威路上有韓式燒烤店、港式養生粥品、右方的新威路上則有海鮮火鍋店；再往前走則會遇到統一路，左方的統一路上也有好利來，麵包店，右方則有家常菜館。

如家快捷酒店威海統一路威高廣場店

原客運碼頭統一路店；
地址：威海市環翠區公園路附3號

如家快捷酒店在威海環翠區有2家分店，一家是威海統一路威高廣場店，另一家是威海文化東路店，比起來，還是前者要離批發商場近一點。從威海旅遊碼頭出來後，對面的大馬路就是昆明路，順著昆明路往下走，第一個十字路口就是新威路，左轉進新威路，大概走5分鐘就可看到這家如家快捷酒店了。

如家快捷威海統一路威高廣場店的房間雖然不大，但該有的設備都有，這一點倒不用太擔心，走路10分鐘可以到海邊，周邊生活設施完善，有餐廳、大賣場，離飯店100公尺有一家「家家悅超市」，要吃任何東西，或臨時要買電池什麼的都很方便，旁邊走路沒多久就是燒烤一條街，晚上也很熱鬧，速8酒店會比較安靜點，但生活機能會差一點。

這家如家快捷酒店也有附設餐廳，早上7點就開始供應早餐，當然餐點沒有錦江之星豐盛，加上房間較小，所以有些旅客並不是很喜歡；但房間也不是小到很小，所以如果希望晚上還有點地方可跑跑，住這而是不錯的。

7天連鎖酒店威海昆明路店、7天連鎖酒店威海客運碼頭店

威海昆明路店地址：威海市環翠區昆明路16號（電力大廈對面）
威海客運碼頭店地址：威海市環翠區新威路35號-6

7天連鎖酒店在威海環翠區有2家分店，一家是7天連鎖酒店威海昆明路店，另一家是7天連鎖酒店威海客運碼頭店（曾用別名為「7天連鎖酒店威海新威路店」），如果以距離威海批發商場的遠近來看，威海客運碼頭店會近一點，甚至可以說它就在批發商場商圈的後面，當然威海昆明路店也不是就很遠，兩家店說起來都很近，房價也一樣。

威海昆明路店是老樓重新整修的，也就是臺灣說的內外拉皮，房間有些地方沒處理好，特別是角落的壁紙有點剝落，經濟房比較小巧玲瓏，大床房就比較大。由於昆明路是主幹道，所以威海昆明路店附近晚上也很熱鬧，幸好對外隔音還好，不過內部隔音就不是很好，如果喜歡很安靜的人，可能會不習慣。此外，這家飯店沒有提供免費盥洗用具，如果沒帶的話，就只好在櫃檯買一份了。

威海樂達快捷酒店

地址：威海市環翠區海濱北路8號

威海樂達快捷酒店位於海濱北路較北邊，飯店的軟硬體品質和7天差不多，它就位在海港大廈韓國城的斜對面，我住過這裡，交通也算方便，從樂達酒店走到海濱北路的批發商場約10分鐘就到達，所以不算遠。

房價則不一定，我們以5月的房價來看，特價房一晚人民幣128元（我當時入住就是這個房價），商務大床房為138元，海景標準房（其實就是面海的一層，但海景普通）158元，所以價格都不算貴。

如果從樂達酒店的後門出去，後面是一整條大路，如果晚上想吃宵夜，這裡有很多露天的燒烤攤，也有小商店，所以吃東西挺方便的，正門的旁邊也有KTV，如果批貨之餘，還真有餘力去唱歌，那也挺方便的。

我是在到達威海碼頭後，跟其中一位在威海碼頭招攬客人的旅行業人員王德軍接洽的，在到達威海碼頭後，會有一大群人在港口前攔著你，他們對著你大聲嚷嚷，別被嚇到了，他們不是旅行社的業務員，就是個體戶，他們就是在招攬生意，不管是搭車、住房、一日遊或幾日遊，都是他們的業務範圍，但問題是我們怎知道哪些是正派經營，哪些是騙錢的，這是最大的問題，不是嗎？

這位旅行社的業務員王德軍人挺正派，在北方人中算是很有耐心的人，也提供不少資訊給我，像從威海到青島，除了搭長途巴士之外，還有另一種比較省錢的方法，那就是搭旅行社的回頭巴士去青島，車價約人民幣65~70元，如果去威海汽車站搭長途巴士的話，票價在人民幣90~95元之間，所以可省下約人民幣25元的支出，而且搭回頭巴士的地方，就在海港大廈韓國城後面的巴士停車場，每天到下午2點，這裡就停了好多要回到其他城市的遊覽車，只要前一天跟王德軍確定好要搭回頭巴士，他不是到飯店帶你過去，就是約在海港大廈韓國城直接碰面，他再帶你到停車場找遊覽車，然後再把車資交給那輛回青島遊覽車的導遊即可。切記，要告訴導遊你要在四方長途汽車站下車，基本上這種回頭巴士沒有畫位，我們是補別人空出來的座位，但基本上一定有座位才會讓你上車；整車都是一起來威海二日遊的團體，所以就看你想不想省100元，搭這種回頭巴士去青島了。

瀋陽五愛市場附近的飯店

北方和南方最大的差異，也是住房時很在乎的一點就是「保不保暖」，瀋陽到冬天時氣溫和首爾一樣低，所以住房一定很重視房間窗戶是不是很嚴密、暖氣夠不夠、洗澡時水熱不熱，這些我們平常不會很注意的住房事項，到了北方卻是晚上睡得安不安穩、舒不舒服的前提。

如果秋冬時節到渤海灣區，特別是瀋陽批貨的話，飯店最好距離五愛市場越近越好。瀋陽五愛市場周邊有不少家飯店，五愛市場對面的那一排建築，至少就有4家飯店，價格平均都在人民幣120～180元之間，這些都是小品牌或獨立經營的飯店，在熱鬧路和風雨壇街交叉口靠五愛

市場這邊則有如家快捷和漢庭酒店兩家連鎖飯店比鄰而設，不過我最常住的不是這幾家，而是在十字路口另一邊、位於熱鬧路上的金泰克商務賓館。不過，我還是一一介紹這些飯店。

五愛市場位在熱鬧路上，而熱鬧路與風雨壇街的交叉口是五愛市場非常重要的十字路口，這兒每天都有幾十萬人在這裡進出走動，為了讓這麼多商旅能夠在五愛市場順利批貨，各種配套設施都可在這裡找到。

在餐飲方面，五愛市場這邊有各式各樣的餐館或連鎖餐廳，麥當勞、真功夫、吉野家等連鎖品牌，還有地方麵館、飯館；除此之外，宮廷牛肉餅、脆皮臭豆腐、根本就是沙威瑪的肉夾饃等，各類大陸地方特色的小吃沿著熱鬧路一字排開，想吃什麼都吃得到，大陸非常愛吃燒烤，如果很愛吃燒烤的話，這裡倒是個好地方。

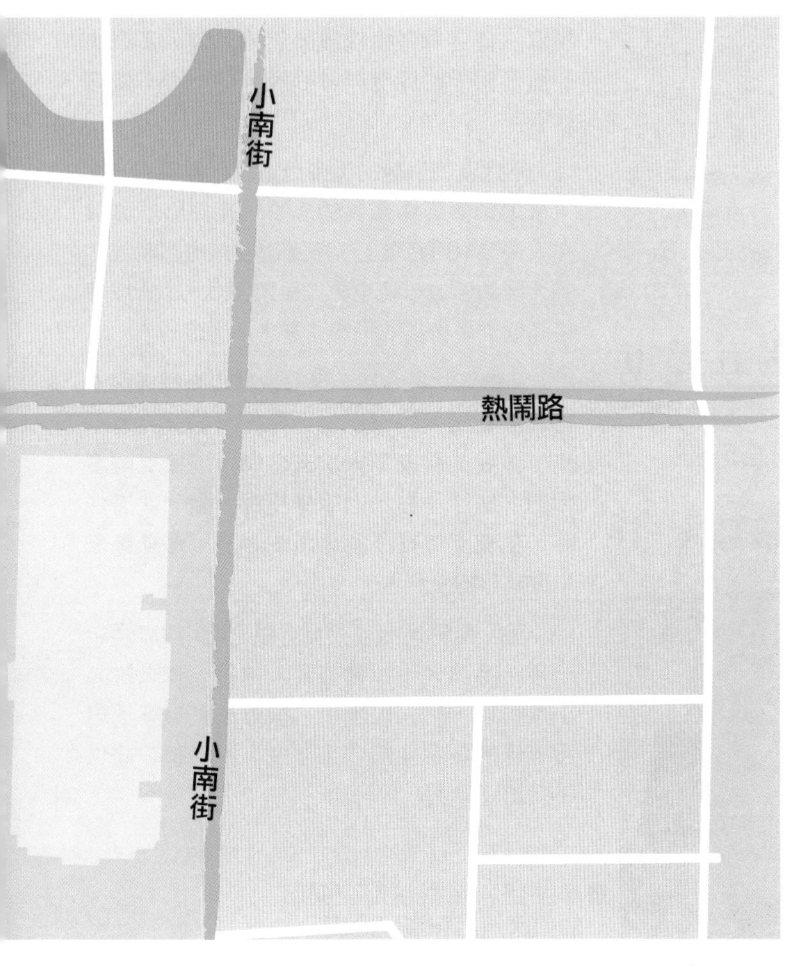

對了，住在五愛市場這邊還有一個好處，如果想趁批貨之餘去參觀張氏帥府（張學良故居）和瀋陽故宮的話，只要沿著風雨壇街往北走，大約15分鐘可到張氏帥府，慢慢散步則約30分鐘可到瀋陽故宮，還記得我第一次逛張氏帥府和瀋陽故宮時，感覺真是奇妙。

接下來我還是來介紹瀋陽五愛市場附近的飯店吧。

如家快捷瀋陽五愛市場店

地址：瀋陽市瀋河區風雨壇街81號

如家快捷的五愛市場店就在風雨壇街81號，出門後往左走20公尺就到熱鬧路和風雨壇街的十字路口，往左前方看去，就是碩大無比的五愛市場商圈，一年四季，這裡總是擠滿了人潮，住在轉角處非常方便；如果往右的話，就是去看張氏帥府和瀋陽故宮了。

如家快捷五愛市場店有兩個住宿樓層，如果訂的是特惠房，櫃檯有可能會安排入住B座，不過B座較老舊，設備不新，因此我覺得與其為了要入住特惠房而住到B座，倒不如不要住，因為有人說入住後感覺有黴味，而且冬天想洗澡時卻發現熱水不夠熱，有時不是每個客房都會這樣，但我覺得盡可能入住設備新一點的飯店，至少感覺比較好些，何況附近多的是相似房價的飯店。

漢庭快捷酒店瀋陽五愛市場店

地址：瀋陽市瀋河區熱鬧路58號

■熱鬧路和風雨壇街交叉口的如家酒店和漢庭酒店

漢庭快捷酒店是同等級的平價連鎖飯店中房價較貴的飯店，不過它的整體感覺確實是較高檔一些，主要也是因為漢庭快捷酒店在地點方面，不像7天、如家會為了降低成本而選在巷弄或離主要景點較偏遠的地段，漢庭快捷通常都是選擇在大馬路或幹道上，經營成本會高些是一定的，但很多商務客人寧可選擇漢庭快捷，因為方便。

漢庭快捷的瀋陽五愛市場店就位在熱鬧路和風雨壇街的交叉口，三角窗的黃金地段是漢庭快捷選擇在這裡設分店的原因，漢庭快捷藍紅相間的商標非常醒目，你一定不會錯過它。

不過漢庭快捷的房價也是我所選擇的三家平價連鎖飯店中最貴的一家，平日最低價都在人民幣160元以上，不過以前跑虎門時入住的大同酒店，一晚也要人民幣220元，所以價格高低也是看當地平均消費水準而定的。

和錦江之星一樣，漢庭快捷也有電梯刷卡作為旅客出入的管制；另外櫃檯的服務還不錯，像我的朋友第一次去住時嫌連接風雨壇街的客房吵了點，向櫃檯投訴，隔一次去住時，就被安排在不臨馬路的客房，這樣算來是很貼心的服務了。

至於客房大小，我覺得跟7天、如家酒店一樣，不論大小都會有客人抱怨，有人說大小還可以，有人則嫌小，很難說，畢竟三角窗這樣的黃金地段寸土寸金，所以我在此也不妄加評論了

瀋陽金泰克商務賓館

地址：瀋陽市瀋河區熱鬧路50號

如果光看金泰克商務賓館所在的那棟大樓（位於五愛市場針紡城對面），你肯定會覺得「只不過是一間很普通的飯店。」是的，這家賓館確實沒有特殊之處，首先，它不是知名連鎖品牌，其二，它也不是走高檔路線的度假酒店，不過它反而是我在詢問了6、7家飯店之後，決定入住的飯店。

金泰克商務賓館就位在五愛市場針紡城的正對面，這家平價飯店是單店經營，不過服務人員的素質不錯，特別是入住期間有事情向櫃檯反應，能夠即時得到回應，這一點我覺得很重要，否則如果遇到電視不會使用、冷暖氣不強、無法上網等事情，有些飯店拖個半小時服務人員才來都是很正常的。

至於它的房間，我訂了幾次房間，房價平均都在人民幣130～160元之間，但房間很寬敞（住過的人都這麼說），行李外加批貨商品堆在房間內還綽綽有餘。

還有，這家飯店的洗手間加上淋浴間挺大，一點壓迫感也沒有，有些平價飯店現在還用塑膠簾幕隔開淋浴間與洗手間，這家飯店則是用強化玻璃，大大的淋浴間讓在外頭批貨一整天的人能夠舒舒服服地洗個澡，真是很大的享受。

■瀋陽金泰克商務旅館的房間還算寬敞

金泰克商務賓館並沒有附設餐廳，不過旁邊就是永和豆漿，從飯店的大廳可以直接走進永和豆漿，等於也算是附設一家連鎖餐廳了；旁邊隔幾家店面就有一家小雜貨店，雖然店面小小的，不過是長條型店面，我不管是買汽水、罐裝咖啡、泡麵等雜七雜八的東西都在這家小雜貨店解決。

還有很重要的一點，在進入金泰客商務賓館的大門後，注意往左邊看一下，有個用柵欄（還是玻璃）圍起來的櫃檯，上面寫著售票處，這裡是火車票、機票的代售處，在這裡買火車票會比跑去瀋陽火車站或瀋陽北站要方便太多了，當然票價會貴一點，也算是手續費吧，但如果需要搭火車去大連、遼陽或其他地方的話，在這裡提前買票可說是省時省力。

第六章 批貨流程解析

正发物流
即墨 ↔ 福建
即墨 ↔ 南通
专线
电话：88586668 15092071229
青岛顺安隆物流有限公司
天天发车
即墨 ⇄ 临沂
即墨 ⇄ 上海 常熟
即墨 ⇄ 河北 三台
专线往返
服务电话：88595611 手机：18660231226 监督：13518622222
特快专线 天天发车
青岛↔台州↔温岭↔温州
即墨正发货物寄存处
联系电话：88586668 15092071229
顺安隆物流
电话：15963000070 13220894444
小商品城税费征收大厅

網路讓資訊越來越透明，到廣東批貨已經不像2000年前後那樣神祕，我還記得2000年網路泡沫快爆裂的那段時間，臺灣的電視新聞播出臺灣的業者跑到深圳批貨，那時候對很多人來說，臺灣人敢單槍匹馬到深圳批貨已經是非常了不起的事，幾年後，深圳也逐漸變成觀光客去買仿冒品的勝地，有本事的創業家又開始朝更內陸，也就是虎門和廣州前進，現在越來越多人已經長期在虎門、廣州挖寶，不過現在又出現大家批的商品越來越像的問題了。

但離開廣東後，到大陸其他地方批貨的規則與流程有沒有差別，這也是許多想跨出廣東批貨的創業家心中的大疑問之一。其實到渤海灣區城市批貨和到廣東批貨並沒有太多大差別，基本流程還是「選貨→議價與訂貨→委託貨運到指定地點」這3大流程，和廣州、虎門批貨較大的差別是在批貨後的貨運流程，這部分我們會詳加說明。

渤海灣區城市批貨流程說明

不論到任何地方批貨，最麻煩的是，從批發商場各檔口批到的貨集中起來，送回飯店，再請貨運公司來收。不過對創業者與貨運公司來說，比較好的作法是直接送到貨運公司去，這樣可省下麻煩。

■五愛市場隨處可見貨運員拉著沈重的拖車運貨

過去我們會很擔心批貨後貨運回臺灣的貨品品質是否不一，不過我們也發現，大多數的創業家到廣東批貨，也都是盡可能拿現貨，以避免各種不必要的問題，像貨品與當初檔口擔保的貨品品質、樣式不同的問題。

所以到比較北方的渤海灣區城市批貨，我也建議一開始最好還是拿現貨，除非你是要拿一些比較少見，檔口也沒有太多存貨的商品。但我認為比較會出現的問題，是現貨都有，就是很難把現貨一口氣帶回飯店，這方面我的建議是手上要先有當地有能力將貨品運回臺灣的貨運公司的聯絡電話與地址，這樣一旦批到貨了，也知道該怎樣將貨品送到貨運公司，否則北方的批發商場檔口對怎樣把貨運到臺灣是不太了解的。

有關第三項付款，現在不論到任何批發商場批貨，都還是以現金為主，其實即使去批貨的次數再久，雙方都還是以現金交易為主，到首爾批貨也一樣，大家都不願意收信用卡，更何況大家也擔心收到「芭樂卡」，也不可能用匯款的方式，因為賣方也怕把貨交給買方後，買方落跑，他不是也賠本嗎？所以和買家不熟的情況下，一定是一手交錢一手交貨。

渤海灣區批貨的流程

1 選貨並決定數量

2 議價

3 付款

4 貨品太多，可請商場的搬運工將貨品從各檔口收齊送到商場大門。當然，大多數批貨客還是自己提下來，可省下費用，也避免拿錯貨品的麻煩

5 送到貨運公司，貨運公司會再檢視客戶包裝的情況，再重新包裝後報關、送上飛機

6 貨到臺灣海關進行通關報稅

7 貨運公司將貨送到指定地點由買家點收，這樣就算完成一次的批貨流程

至於有些人可能會擔心，批發商場的現貨款式不夠多，這一點我覺得倒是可以不用擔心，因為我們看的這幾個批發商場不僅是該省最大批發商場，而且是整個地區的商品集散地，來自各地的零售商都是到這幾個批發商場批貨。我在青島的中國即墨服裝批發城搭即青快客回青島時，有機會就跟坐在旁邊的一對夫妻聊了一下，他們是附近城鎮的人，開了一家店，他們那趟去進一些冬天的防寒襪，問了一下他們那裡的賣價，他們說如果進貨價是人民幣10元的話，可以賣到人民幣20元的價錢。

其實這也是因為大陸地方大，一般消費者不會願意跑大老遠就為了一雙防寒襪，加上車資與時間，想想還是向住家附近的店家買。

不過我也覺得，就因為是批貨的關係，去批貨的創業家等於是顧客的挑貨人，如果挑的商品不是顧客喜歡的，顧客自然不會掏錢購買。

再講到批貨條件，現在不論南北各地的批發商場，批貨條件都比以前要彈性很多。2007年時，批發商場還是很集中，加上景氣還可以，檔口的批貨條件都很硬；到了2011年，現在廣州火車站附近新的批發商場越來越多，而且舊的批發商場也重新拉皮更新，因為生意越來越難做了，批貨條件自然也越來越有彈性，現在只要批貨到一定的數量，商家是不會管樣式、顏色的問題。

殺價問題

現在不論是零售或批發的生意都越來越難做，特別是這幾年，物價一直往上漲，但上班族的薪資卻沒有調漲，所以團購會盛極一時不是沒原因的，但不論是買方市場或是集體殺價，對做生意的創業家來說，都不是好事，因為利潤也相對會越來越薄，因此挑貨變得要很仔細。

我對挑貨的建議是，還是要看自己對哪一類的商品比較有眼光。這一點很難說明，像我對包包就比對服裝的款式有感覺，通常挑選的包包都能賣掉，當然找到對的顧客也是重點，但我們最好先了解自己的顧客群喜歡哪些款式的商品，這樣去批貨，自然比較不會批到一堆賣不掉的商品。

如果在一家檔口拿的貨少，其實是很難殺價的。在青島、威海、瀋陽、佟二堡，檔口商品的標價不太一定，有些會標零售價，然後告訴你批發價打幾折，顧客自己算就知道批貨價是多少錢，所以量價關係很簡單，拿得多，單價可低些，拿得少，自然批貨價格會比較高些，不過有些檔口的批貨條件都是「死豬價」，只有分零售價跟批發價，如果覺得檔口給你的批價不夠好，那就拿張名片，記下你喜歡這家檔口的哪些服裝，然後再往下一家去找，反正檔口這麼多，不用怕批不到好貨。

總之要想清楚，自己是開實體店面，還是想從事網拍，把自己的成本算清楚，再加上

■有時候越沒有人潮的檔口越有機會殺價

服裝採購的平均成本及期望利潤，算一算應該就知道自己要賣多少錢。

此外，北方人比起南方人要豪爽很多，講話口氣就南方人來看會感覺比較衝，這一點應該是臺灣人去大陸最難接受的一件事。但我自己的經驗是，只要知道對方不是惡意，每個地方的人說話有各自的習慣，如果能這樣想，自然就不會覺得不舒服或不高興了。

帶個行李架拖車方便多多

我在拙作《南中國批貨》裡有提到大陸的批貨客很喜歡拿個行李架拖車批貨，其實看起來專不專業是一回事，但確實這個行李架拖車不僅中看也中用，檔口會把你批到的貨品用塑膠袋打包起來，但如果你只是帶個臺灣常見的購物袋去裝貨品，肯定是不夠的，而且背一天下來，肩膀可受不了，這時候如果有這個行李架拖車，肯定讓你輕鬆批貨，所以最好從臺灣帶去一個這樣的行李架拖車，反正就放在大行李箱裡也不會特別占空間。

批貨術語南北無異

有關渤海灣區的批貨術語方面，其實跟南方一樣，只是有一點跟南方不太一樣的是對人的稱呼。在廣東，對男的售貨員叫「帥哥」，對女的售貨員叫「靚女」（發音是「亮女」），但在北方，我就較少聽到人與人之間這樣稱呼；在北方，如果看起來比自己年紀大的叫「大哥」，年紀小的叫「小哥」，如果真的還是不知道怎樣叫，也可以叫「師傅」，如果是女售貨員的話，就叫「姑娘」（盡量不要叫「小姐」，雖然也越來越多大陸女生能接受「小姐」這個名詞，但畢竟在大陸，傳統對「小姐」的印象還是停留在特種營業的意思），要不然就叫「老闆」，基本上是比較保險的叫法。

接著如果對哪件商品有興趣，你只要指著那件商品問：「請問這個要怎麼拿？」（記得不要說「這個怎麼賣」，聽起來既不專業也不像當地人）；如果是批服裝的話，接下來就問：「這衣服分幾個碼？幾個色？」

如果是從小碼到大碼都要拿，在內地的批貨就叫「一手」，當然現在大概很少人批貨時會拿「一手」，主要也是為了降低庫存壓力，所以如果確定喜歡，就告訴店員：「不拿一手，先拿中碼幾個色回去試。」

說話時記得要果斷，不要嗯嗯啊啊的，遇到不好賣的顏色，就告訴店員：「這色不好走，不拿，只拿這幾個色就好。」（在大陸，生意人說到賣貨就會以「走貨」來說）

當然也可以直接問店員：「哪款比較好走？」另外賣得特別好的叫「爆款」，如果想問哪款賣得特別好，就問：「哪款走得最爆？」

以上提的都是大陸商家批貨時常用的術語，當然沒有說一定要用這些術語才能批到好價錢，但了解大陸當地的批貨術語，會覺得比較親切。

	臺灣用語	大陸用語
食品與用品	機車、摩托車	摩托車
	儲值卡	充值卡
	國際電話預付卡	IP卡
	柴油、機油	柴油
	捷運	城鐵
	影印	復印
	雷射列印機	鐳射列印機
	列印	列印
	雷射	鐳射、雷射、死光
	網路、網際網路	網絡、互聯網、因特網、萬維網
	電腦	電腦、計算機
	傳銷、直銷	傳銷
	滑鼠	鼠標
	原子筆	圓珠筆
	打火機	火機、打火機
	瓦斯、天然氣	煤氣、燃氣、瓦斯、天然氣
	有機食品	綠色食品、有機食品
	醬油	老抽、生抽
	便當	盒飯
	宵夜	夜宵
	鮪魚	金鎗魚、吞拿魚
	蕃薯、地瓜	白薯、紅薯
	蕃茄	西紅柿、蕃茄
	洋芋片	土豆片
	馬鈴薯 、洋芋	土豆、馬鈴薯
	落花生、土豆、花生	花生
	芭樂	芭樂
	高麗菜、甘蘭菜	洋白菜、圓白菜
	白菜	小白菜
	豬腳	豬手
	瓦斯爐	燃氣灶
	鳳梨	鳳梨、菠蘿
	錄音帶	磁帶、錄音帶
	半導體	晶體管
	錄放影機、錄影機	錄影機、攝像機
	光碟	光盤
	吹風機	電吹風
	刮鬍刀	剃鬚刀
	電鍋	電飯煲
	髮夾	髮卡
	化妝水、收斂水	化妝水
	去光水	洗甲水

	臺灣用語	大陸用語
用品與生活用語	洗面乳	洗面乳
	洗髮乳	洗發水
	行動電話、手機	手機、移動電話
	准許、准予	批准
	一般	一般般
	多元	多維
	檢討	反省
	營運	運營
	道地	地道
	寫自白書與悔過書	做檢討
	心理準備	思想準備
	公德心	精神文明
	名額、需完成的數量	指標
	公權力	政治權力
	衝突	矛盾
	矛盾	相反的言語、事物
	是以	因此、所以
	水準	水平
	批評、責備	批評
	釐清	分清
	訓示、命令	指示
	說服	思想工作
	週記、心得報告	思想匯報
	與境外人事物相關的	涉外事務
	開發中國家	發展中國家
	事先串通的人	托兒
	存在某種問題或陰謀	貓膩
	A錢、貪汙	貪汙
	騙子、金光黨	騙子
	三八	不正經的女人
	稱讚人很厲害	牛
	低迷的市場	熊市
	工廠中的房間	車間
	作秀	舞臺演唱等表演
	豪雨	雨量大的暴雨
	西北雨	雷陣雨
	終身俸、退休金	退休金
	外匯存底	外匯儲備
	個人所得	人均收入
	匯率	外匯牌價、匯率
	國民生產毛額	國民生產總值
	噴射機	噴氣式飛機

	臺灣用語	大陸用語
生活用語	太空梭	太空穿梭機
	飛彈	導彈
	超音波	超聲波
	中原標准時間	北京時間
	撞球	檯球
	柴油（機油）	柴油
	飯店	賓館、酒店
	房間	居室
	大廈	塔樓
	公寓	無電梯的4至6層的住房
	較高價的電梯大廈	公寓
	衛星電視台	上星台
	包廂	包間
	菜單	菜譜
	歇業	關張
	報帳	報銷
	發票	小票、發票
	品質	品質、質量
	製造技術	製造工藝
	保存期限	保值期
	三溫暖、桑拿	桑拿
	護髮、潤絲	焗油
	平頭	寸頭、板寸
	轎車、房車	麵包車、轎車
	計程車	出租車
	打的	坐出租車
	公共汽車、公車	公交車
	家庭計畫	計畫生育，優生優育
	A肝／B肝／C肝	甲肝／乙肝／丙肝
	打點滴	輸液
	癌症、惡／良性腫瘤	腫瘤、癌症
	發炎	發炎、炎症
	傷口	創面
	OK繃	創可貼
	捐血	獻血
	公保醫療、勞保醫療、全民健保	公費醫療
	警察局	公安局
	輔育院	少年管教所

資料來源：人民網

了解兩岸用語，目的是為了方便到大陸時，能盡量聽懂當地人說話用詞，以及看懂馬路上的一些招牌、告示。這些其實也不用強記，有時就當成增加新知就好。

另外，行政院陸委會大陸資訊與研究中心網站上，有「大陸用語檢索手冊」，只要在上網打上這些關鍵字，就可連結找到「大陸用語檢索手冊」。

但比批貨術語和生活用語更重要的是產品的專業用語。由於兩岸對專業用語各有不同，所以雞同鴨講的情況常常發生。這一點只能靠自己過去批貨經驗，以及和售貨員溝通時，如果不懂就說聽不懂，反正對方也知道你不是當地人，寧可現場搞清楚，也不要裝懂，以免出了問題就後悔莫及。

保障買賣雙方，還是拿現貨比較實在

在大陸任何批發商場都沒有簽合約這回事，這是很多臺灣創業家到大陸批貨前另一個疑問，不過除非我們一次去就是訂一個貨櫃，否則在這些批發檔口的眼裡，我們都是小到不能再小的小咖，這不是長他人志氣滅自己威風，這是實情。

當然，如果買家有這麼大的訂單，批發檔口也是將買家捧得像大爺，所以對於我們這種小咖，檔口也懶得跟我們簽合約，所以我還是覺得拿現貨比較實在，否則檔口真要騙你，你會為了幾萬元的貨再花個兩萬多元跑一趟渤海灣嗎？而且還未必找得到人，當然這是許多人對到大陸批貨最大的疑問。

在渤海灣區的批發商場批貨並沒有廣東批貨的訂貨三聯單，不過也別因為沒有訂貨三聯單就覺得不要去渤海灣批貨。畢竟訂貨三聯單的功能還是在於提醒買家自己批過哪些貨，或是如果有些商品要請工廠額外生產，訂貨三聯單可幫助貨運行在到貨時，根據備忘欄上的圖樣做查核，不過這只能預防一部分的突發狀況，訂貨三聯單還是防君子不防小人。

既然建議大家盡量拿現貨，有沒有訂貨三聯單就不是那麼重要，這是原因之一；另一個原因是我介紹的訂貨三聯單是臺灣貨運行的虎門或廣州分公司所印發的，他們母公司在臺灣，當地分公司也提供局部的驗貨服務，但這些貨運行的服務範圍僅侷限在廣東幾個重要的批發城市，只要是長江以北，臺灣的貨運行就沒有生存利基，這時往來臺灣的貨運就得靠大陸當地的貨運（快運）公司了，這一點跟首爾批貨很像。

■沒有簽合約的買賣，拿現貨比較穩當

從檔口到貨運公司，再到臺灣

從批發商場檔口批到貨，到貨品送回臺灣，有下列兩種走法：

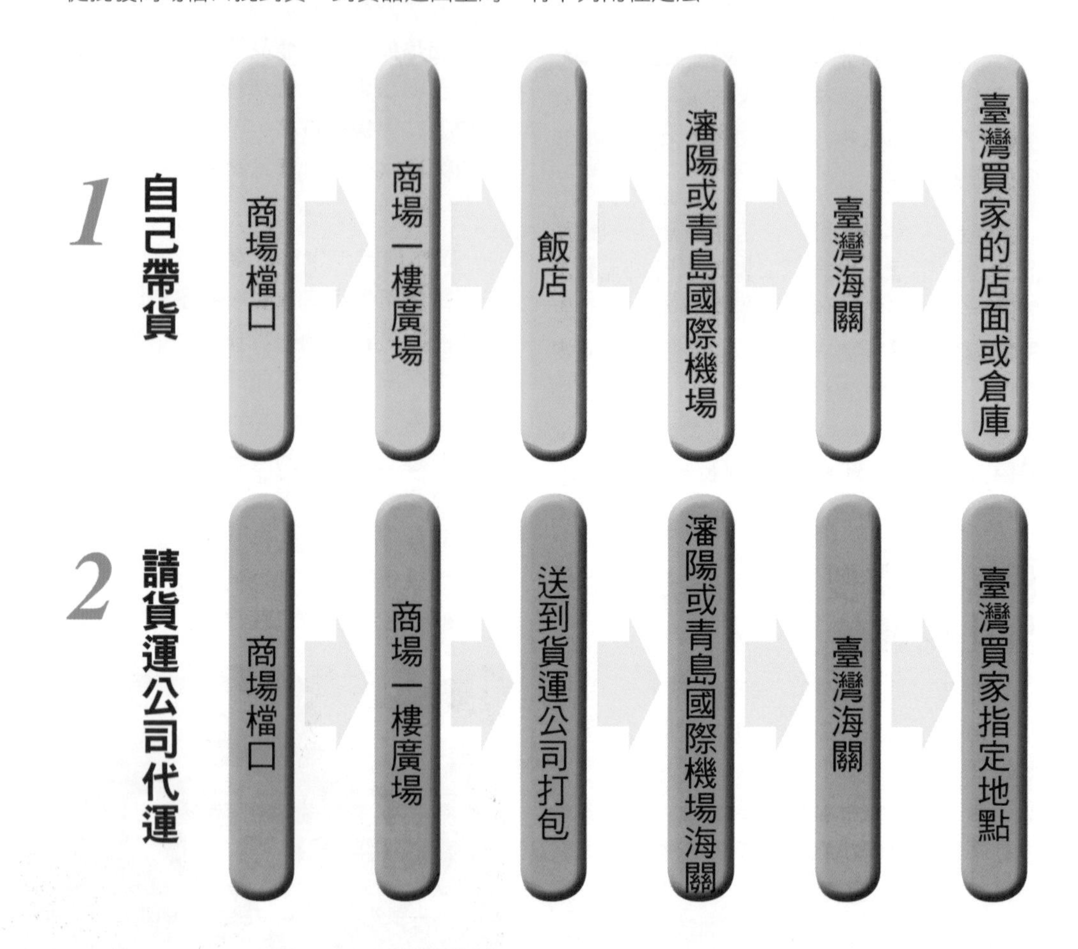

青島即墨的中國即墨服裝批發城、瀋陽的五愛市場，或是遼陽佟二堡的海寧皮革城，都是碩大無比的批發市場，聽說中國即墨服裝批發城就有7,000家檔口，可見規模之大，我的方向感已經很好了，但第一次來到中國即墨服裝批發城居然也迷路了，找了兩次才搞清楚方向。

可想見在這麼大的商場裡批貨，走路跟負重都是一大考驗，由於上面提到的這三個批發商場不是一棟獨大，就是整個商圈極大，隨便批個5家的貨就已經很重了，這時可以請檔口的售貨員開一式二聯的「留貨單」，雙方各留一聯，看著對方把批好的貨打包註記好，就拿著檔口開的留貨單再去批貨。

假設一棟商場逛下來總共批了5家檔口的貨，手上應該有5張留貨單，到一樓時，就可以把留貨單交給穿著批發商場字樣背心的任一位搬運工（這些搬運工都會穿著各商場規定的制式背心），請他拿著留貨單幫你到各檔口收貨，你只要在樓下等搬運工將貨品收齊送到樓下給你，然後再付點錢給搬運工即可。

不過搬運工只負責把你批到的貨從各檔口送到商場的一樓入口處，接下來還有一段是從商場送到貨運行或下榻飯店；由於在北方，搬運工並沒有提供將整批貨送到貨運公司的服務，因此接下來的這一段，我建議就在路邊找麵包車，將貨送上麵包車，然後親自押車到貨運公司（或送回飯店）去，費用不會太貴。

至於運回臺灣的關稅怎辦？想要自己處理肯定不是好辦法，因為海關的規定很混亂，而且修改的條件和原則也是海關在決定，我們自己處理只怕會搞得一個頭兩個大，如果報錯關稅稅則，可能還要付出更大筆的稅金或罰金也說不定。所以我建議，只要是沒辦法自己帶回臺灣的貨，就委託一家信用良好的貨運公司處理，保證能讓你省下寶貴時間，你的商品才能準時上架；這一點，我在臺灣可是千尋萬找，好不容易找到一家大陸頗有名氣的快遞公司臺灣分公司，我跟他們的羅總經理深談之後，羅總經理表示願意透過大陸的其他分公司盡量協助臺灣的創業家將貨品從渤海灣區運回來。

談到將貨運回臺灣這件事，上網搜尋一下，上面有好多專營兩岸貨運的公司，不過雖然寫得很漂亮，什麼「兩岸通」、「專營小三通」，很多其實都是專營臺灣跟華南地區的貨運，真的說到要從長江以北的城市將貨品送回來，還是得靠在大陸有雄厚實力與綿密網路的大陸快遞貨運公司。

■等顧客上門的搬運工

渤海灣區送貨到臺灣的貨運公司

大陸較大的貨運公司有哪些？其實從淘寶網的貨運合作清單上就可以看到，目前大陸較大的幾家貨運公司為順豐、圓通、申通、韻達，這四家中，在臺灣最大的就屬順豐了。

不過我在臺北市找到了韻達快遞臺灣分公司，總經理為羅文祥，人非常好，聽到我在找從山東和遼寧兩地將貨物運回臺灣的貨運公司，他說韻達在大陸的物流網路也很發達，瀋陽、遼陽、青島、威海都有分公司可負責收貨。

韻達國際運通臺灣分公司

電話：(02)2506-0089
地址：臺北市龍江路331巷19號1樓

韻達快運 山東省即墨市分公司

電話：(0532)6896-0022、6896-0055
地址：青島市即墨市文化路與嵩山二路的交界處南100米

韻達快運 山東省青島市南區五公司

電話：133-7083-1600，133-5532-6189
地址：青島市寧夏路56號2-102室

韻達快運 山東青島四方區一公司黃金歲月分部

電話：188-6397-0345，150-2007-9179
地址：青島市鞍山一路88號黃金歲月

韻達快運 遼寧省瀋陽市瀋河區六公司

電話：(024)8104-0182、159-0408-6707、135-9149-4767、138-9813-6668
地址：瀋陽市瀋河區廣昌路31甲4門

羅總經理說，臺灣的顧客在出發去渤海灣之前，最好先打電話詢問臺北總公司，他們會努力解答顧客有關貨運的問題。由於不同的批貨客對貨運問題各有不同，因此我還是覺得將韻達快遞臺灣分公司及大陸各城市的分公司聯絡方式分列如左，這樣反而更方便。不過我強烈建議，出發前一定要打電話去臺灣分公司詢問，不管是要問在臺灣其他城市的分公司聯絡方式，或山東、遼寧兩地的分公司聯絡方式、運費、運送時間等問題，至少他們能夠給大家最新的訊息。

另一家不屬於這四大貨運公司，但也能從以上四個城市將貨品運回臺灣的是新邦物流，這一家是我在青島的即墨小商品城淘寶、尋找貨運公司時，找遍了整個小商品城後方的貨運區，幾乎問遍了所有的貨運行、快遞公司，每一家聽到都是同樣的答覆方式

新邦物流即墨小商品城營業部

網站：www.xbwl.cn
地址：山東青島即墨小商品城F樓7戶
電話：（532）8756-9952／3
物流1號通：4008-000-222
聯絡人：單錦剛
手機：186-6026-9507

■新邦物流和臺灣物流公司有合作，可將貨送到臺灣

■瀋陽西塔韓國街的正式名稱是西塔街

「臺灣？沒有！」最後進到這家新邦物流，這家新邦物流即墨小商品城營業部的單錦剛先生很熱情地接待我，我們聊了好久，就是為了把貨運的事情搞清楚，最後總算確定。青島、威海、瀋陽等城市的貨品運到臺灣都會是走空運，空運價格自然以公斤計算，根據單先生給我的報價，如下：

新邦物流的報價

100公斤以下：人民幣22元／公斤
101～300公斤：人民幣19元／公斤
300公斤以上：人民幣18元／公斤

其實空運就是這樣的價格，肯定不能用海運以材積為單位相比，但好處是只要送到貨運公司，2～3天後就能到臺灣，肯定省時。

不管是瀋陽或威海的批發商場都算是在市區，威海的批發商場雖然在港區，但也算是在市區，佟二堡的海寧皮件城則位在遼陽的郊區，如果批到貨的話，我覺得直接帶回瀋陽下榻的飯店，再請瀋陽當地的貨運公司來收件（當然直接送到他們的在飯店附近的營業處會更好），接下來事情就解決一大半了。

中國標？韓國標？

如果是皮件、鞋類、飾品、小商品，這類商品如果在大陸生產的話，都會標上「Made in China」的標籤，或是列印在鞋底或鞋墊內，至於服裝則比較有問題，不過在渤海灣區批貨商場看到的服裝，基本上只會看到「中國製」、「韓國製」兩類較多，其他像「香港製」這類的標籤幾乎沒見過。

當然如果想要找韓國標的商品，威海的批發商場確實比較多，因此，我特地介紹威海這個平常大家不會去的城市。

根據我在威海批貨、考察的經驗，威海確實是這幾個城市中，韓國商標商品最多的城市，而且很多檔口的老闆就是韓國人，他們的作法就是從韓國出口原物料到威海，在威海加工製造，然後有些檔口會將商品一半運回首爾，一半留在威海銷售。

由於威海距離首爾最近，威海商品也算是最能和首爾同步，當然也不是說只有威海的韓國商品才道地，瀋陽的西塔也有條韓國街，產品也相當好，如果去瀋陽的話，除了五愛市場可以批貨，只要花人民幣1元，也可以搭公車到韓國街逛逛。

■威海到處可見韓國商品

第七章

批發市場介紹

對臺灣的年輕創業家來說，渤海灣區是個陌生的地方，其實這也是很正常的，大陸的發展有其歷史因素，臺灣業者對大陸的認識又跟兩岸的歷史進程有關，臺灣傳統產業在1980年代以香港為跳板進入廣東，利用當時比臺灣要更低廉的土地與人力成本，在廣東落地生根，也由於當時尚未開放兩岸直航，廣東也因與香港比鄰而占了地利之便，在那個年代，越是北方的省市臺灣人越是陌生。

隨著大陸近兩年製造成本的大幅提升、市場的轉型、人民幣升值、新合同法（等同臺灣的勞基法）的實施、環保意識的抬頭，以及與早期勞工不同價值觀的新生代投入勞動市場等因素，大陸的勞動密集型產業越來越難經營，以勞力成本來說，這幾年工廠工資不斷上調，每次都是15%的比例調薪，10年前廣東一個有經驗的技術工人基本月薪是人民幣300元，到2012年，廠商開出月薪3,000元還找不到工人，加上各種勞工稅金後，產品價格已經不可能和以前一樣便宜了。

像2012年廣交會中，廣東的絨毛玩具廠商說，和去年相比，同產品漲幅10%，居家用品漲10～15%。根據北京清華大學臺資企業研究中心的調查，到2017年，將有50%的廣東臺商將有倒閉的危機。

以我的觀察，渤海灣區將會是臺商及外商轉移陣地的另一個重心，加上我在本書開頭就說明渤海灣區與東北亞流行時尚中心之一的首爾僅一水之隔，山東也是除廣東外，韓國流行時尚的另一個後勤基地，因此這也是為何我會走在市場之前，為你揭開渤海灣區主要城市與批發市場的面紗。

中國即墨服裝批發市場

山東有近1億人口，經濟發展快速，除了即墨批發市場，山東還有另外兩個服裝批發市場，一個是濟南濼口服裝市場，另一個是淄博服裝批發市場，濟南濼口市場占有省會城市的地理優勢，不過從2003年山東實施「日韓高地」計畫後，以青島、煙台、威海三個城市為主體的膠東半島製造業基地，帶動了山東南方的膠州半島的服裝產銷發展。雖説即墨服裝批發市場和濟南濼口服裝批發市場各自成為一方之霸，但濟南的這個批發市場主要以大陸的內需市場為主，即墨由於是「日韓高地」計畫的鐵三角之一，在產品上也比較接近日韓風格。

山東是服裝消費大省，德國在清朝時更是在青島下了不少功夫，使得青島成為山東最西化的城市之一，服裝消費也成為山東的大宗產業；歷史加上人文因素，強大的消費能力自然也就帶動了青島外銷服裝批發的發

■從鶴山路看即墨服裝批發市場

展，像有個大陸服裝品牌「即發」就是鱷魚牌以及馬球衫（Polo）的代工廠商。

至於即墨會成為大陸北方最大的服裝批發市場不是沒有緣由的，即墨地處青島北方，算是青島的衛星城市。不過即墨可是個非常有歷史的城市，早在春秋戰國時代，即墨就已經是商貿城市，文獻上以「人摩肩、車轂擊」形容即墨的繁榮昌盛；秦朝時在此設縣，算來即墨這個城市至少有2300年的歷史了，相信有點年紀的人都記得小時候的課本中有「勿忘在莒」還有「田單、火牛陣」的故事，「田單、火牛陣」的故事背景就是在即墨。雖然戰國時代的即墨是在現今山東省平度縣東南，不過與今天的即墨市僅60公里之遙。

即墨素有「針織名城」之稱，從1980年代開始，即墨地區的個體戶開始在墨水畔形成一個露天的服裝地攤市場，漸漸地服裝批

發市場成形後，在1983年建立第一代的即墨服裝批發市場，後來又經過2次搬遷、4次擴建，到2008年搬遷到位於鶴山路。

現在的即墨服裝批發市場有一項目前尚無法被大陸其他批發商場打破的紀錄，那就是它是全中國單體面積最大的服裝市場，新的批發商場的總面積為82,000坪，共規劃了7,000個檔口，市場管理單位並沒有在這麼龐大的市場內放進更多的檔口，而是為了放入餐飲、住宿、休閒、娛樂、金融、保險等更多配套服務單位，這也是為何中國十大服裝批發市場中以即墨服裝批發市場居首，而廣州白馬服裝市場及虎門富民時裝城才分居第6、7名。

即墨服裝批發市場的商客族群和廣東有點不同，廣東的國際商客中有不少來自東歐、南歐、非洲，即墨服裝批發市場的國際客源則是俄羅斯、韓國、日本、沙烏地聯合大公國等國家，大陸則以江蘇、浙江、湖北、福建、吉林、遼寧等20多個省市的商家居多。

中國10大服裝批發市場

1、即墨服裝批發市場
2、江蘇常熟招商城
3、福建石獅服裝城
4、杭州四季青服裝市場
5、瀋陽五愛市場服裝城
6、廣州白馬服裝市場
7、虎門富民時裝城
8、北京百榮世貿商城
9、武漢漢正街
10、株洲蘆松服飾市場

中國服裝批發的超級戰艦

當巴士從煙青路左轉進鶴山路後不久，會先看到一整排的立面大招牌，這裡是中國北方最大的小商品城「即墨小商品城」，再往前不到1公里，遠遠就會看到一棟不知該如何形容，碩大無朋的大型建築，建築外懸空著一整排的廣告牆，在3層樓高的建築上方，矗立著「中國即墨服裝批發市場」的紅色招牌，表示你到了中國北方最大的服裝批發市場了。

即墨服裝批發市場座北朝南，因為整個商場實在太大了，所以由西往東分區分成A、B、C、D、E五個區，也因此我們從青島北行到煙青路，再左轉（等於往西）進鶴山路，離下車地點最近的會是E區，而不是A區，我建議繼續往西走到A區，才是批發市場的真正大入口處。

即墨服裝批發市場是第一個讓我走進後會迷路的批發市場，可見這個商場的規模有多大，因此我特地幫大家歸納出整個批發市場各區各樓層的批發項目，這樣至少可以節省時間。

由於從A區到E區是連通的，所以從以上的表格可看出，1樓可批戶外及休閒服裝、男裝、男裝、女裝、牛仔服裝、羊毛衫之類的產品；2樓滿精采的，除男裝外，女裝占大多數的賣場，另外E區的2樓是韓國服飾區，只要下車後從E區入口進去直接往2樓走，就可以看到專門外銷韓國的服飾區了；至於3樓的則有童裝、針織衫，還有品牌經銷區，裡面都是國內外知名品牌服裝。

■中國即墨服裝批發市場總圖

資料來源：http://www.cnjmsc.com/list.php?fid=1080

中國即墨服裝批發市場各區各樓層商品資訊

	A區	B區	C區	D區	E區
1樓	戶外服裝 休閒服裝	男裝、女裝	男裝、女裝 牛仔服裝	男裝、女裝 牛仔服裝	羊毛衫 精品女裝
2樓	男裝、褲子	女裝	女裝	女裝	品牌服裝 韓國服飾館
3樓	品牌經銷區 地方品牌 經銷區	品牌女裝 針織品 床上用品	針織品	針織內衣 外貿服裝	童裝

■即墨服裝批發市場DDM韓國時尚館

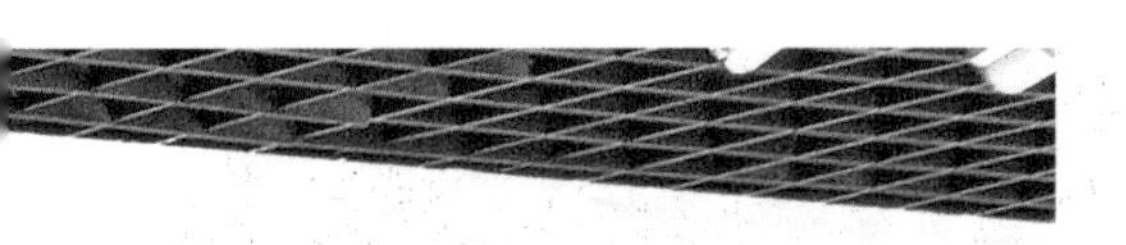

E區2樓韓國服飾區

在即墨服裝批發市場中，也特地闢出一區叫「DDM韓國時尚館」，從E區入口走進去就是個挑高的大廳，往前直走進去就是羊毛衫的批發專區，不過你可看到左側有兩個電扶梯上到2樓，2樓就是上面所說的韓國服飾館。

E區2樓的DDM韓國時尚館的檔口數不少，以女裝居多，除此之外也有檔口賣童裝，只是跟整個商場比起來，還只是其中一小塊。來到這裡，會有一個感覺，那就是「走道怎麼這麼寬？」因為跟其他地方的批貨商場相比（包括廣州、虎門在內），實在是太寬了，至少是其他商場的2、3倍寬。

其實根據了解，總面積82,000坪的即墨服裝批發市場規劃了7,000個檔口；其實如果按照其他批發商場的規劃，至少應該容納14,000個檔口才夠，但經營階層希望能夠給前來批貨的客人能夠有舒適的空間，而不是在小小的走道上人擠人，而且檔口面積小，商品一多，讓批貨變得不是那麼有效率，即墨服裝批發市場的檔口面積比較大，批貨的客人在批貨上會較有效率些。

不過即便擁有如此寬闊的公共走道、較大面積的檔口，這裡依舊人滿為患，商品都溢出到走道上了。特別是早上，批貨商客都集中在上午批貨，這一點和廣東不同，和首爾更不一樣，這是批貨的人要注意的。

在DDM韓國時尚館能看到不少和首爾同步的服飾，批貨條件和其他區檔口一樣，現在條件都較有彈性，因此如果喜歡的話就和檔口談談看，切記要拿檔口名片，並記下檔口特色，以及自己喜歡這個檔口的哪些款式，如果到最後還是覺得這家檔口的產品值得拿時，才不會想回頭卻找不到檔口。

■即墨服裝批發市場的牛仔裝又多又時尚

牛仔服裝區值得一逛

即墨服裝批發市場中有另外一塊區域也很不錯，那就是牛仔服裝區，當然有些牛仔服裝檔口是在2樓的女裝區，所以反正要逛就一併逛，但牛仔服裝區中有不少檔口產品時尚感很足，因為大陸並沒有普遍將牛仔衣褲當成日常生活的服裝，但不管是臺灣或歐美，牛仔衣褲早已融入工作、休閒生活中，而且都能搭配出各自的風格，這一點與大陸消費者有非常大的差別。

也因此，這麼多牛仔服裝檔口除了少數供應內需市場之外，大多數還是走向外銷，這裡有非常多牛仔服裝檔口，特別是有些女性牛仔服裝檔口，他們的牛仔褲織花非常精緻，造型也很時尚優美，而且檔口數量不少，如果想走年輕時尚，甚至有點騷包路線的牛仔服裝的話，我覺得B、C、D區1、2樓要多逛逛。

女裝區要仔細淘寶

女裝永遠是服裝市場的主流產品線，在這裡從A區到E區，從1樓到3樓，每一樓層每一區都有女裝可以批貨，而且在3樓（應該是在C、D區3樓）有一條女人街，這裡集合了很多時尚女裝檔口。

如果說和首爾、廣州、虎門的批發商場相比，即墨檔口的設計剛好介於兩者之間，也就是說設計上還滿接近首爾的服裝批發檔口的風格，雖然還達不到跟首爾一樣，但也算不錯了。

另外如果是夏末去時，這裡就已經可以看到秋裝上市，這些秋裝在臺灣的冬天也可以穿；這裡秋冬裝上市的時節比廣州、虎門要快一些，因此，如果想要搶秋冬裝上市時間的話，我建議來即墨服裝批發市場搶速度，至少可以比南方早2、3個星期。

至於批貨價格，其實這就有點難說，通常現在廣州、虎門也不容易挑到便宜、漂亮的服裝，總之就是要努力跑、細心挑，像我也看到一些女裝皮衣，批貨價格在人民幣75~120元之間，我感覺質感不錯，但自己要會挑貨，否則如果挑到過季服裝，那就不划算了。

走在走道上，看著從山東各地、省外、國外來的商客不斷挑貨，檔口銷售員努力打包，或是整個人幾乎跳在帆布大包上想把包裹包得紮實點，或是不斷從後面傳來「借光！借光！」推著滿滿貨品推車的運貨員，或是雙手拖著大大的塑膠袋在你前面掙扎前進的商客，都會讓你越來越激動，實在是太熱鬧了！

在這裡批貨連吃飯都是件奢侈的事，對檔口的銷售員來說，他們吃飯比商客還方便，因為商場的餐廳會幫他們送飯來。而我們則可以去商場的餐廳吃飯，也可以在每個樓層各區的小型點心攤買些東西吃；我常常是在這種小型點心攤買些包子、茶葉蛋、蛋餅、漢堡、大亨堡等點心果腹，等晚上回青島後再去大吃一頓。

■即墨服裝批發市場的皮草檔口

男裝區比深圳要大

在廣州、虎門、深圳批貨會發現男裝的比例很低，也很分散，我感覺男裝比較多的批發商場反而是在深圳的白馬，不過也只集中在3、4樓層，檔口數量並不算多。

反而我在即墨服裝批發市場看到比深圳白馬要大出好幾倍的男裝區。比起大陸南方，大陸北方的商品換季明顯，男裝也是一樣，在男裝區中，有各式各樣的男裝，我們說的西裝、休閒裝等，在這裡都找得到，特別是秋冬時節，臺灣也穿得到的短外套、皮夾克、皮外套等，一家家檔口看過去，肯定找得到你要的款式，因為包括大陸的知名品牌波司燈男裝也進駐這裡，肯定將帶動一波大陸知名品牌進駐即墨服裝批發市場的風潮。

我覺得除了西裝外，休閒男裝特別值得看，很多春、秋、冬季穿得上的薄外套特別好看，當然牛仔男裝也有；有時可以請檔口的售貨員把外套和長褲搭配一下，就知道這些服裝是不適合臺灣消費者了。

■即墨服裝批發市場男裝檔口

這裡也有皮衣、針織服裝

渤海灣批發城市的有一個特色，那就是秋冬服裝不僅款式多，而且高、中、低檔產品都有，我覺得這點是南方批發市場無法比擬的。像皮件、針織品在北方是常年都有銷售的產品，像每年4月底，臺北氣溫已經大約26度，廣州27度，北方的青島則是18度，威海19度，大連17度，瀋陽18度，而渤海灣城市的夏天只有2個半月，冬季時間較長，各種品質的皮製品種費繁多，像10月，我在這裡也看到許多毛皮背心，或是絨毛領皮背心，實在也無法一次講完。如果不打算跑去佟二堡批貨的話，在即墨服裝批發市場也可以批到各種皮衣、毛衣、針織品。

早起的鳥兒有蟲吃

廣東的批發商場跟公務員一樣，早上9點開張，傍晚5點左右就開始準備打烊，在渤海灣城市的批發商場則因地處緯度較高的地方，夏天日出早，冬天日落也早，如果能夠早起就早點出發，因為越早到越有機會挑到好商品，太晚去了，好貨都被其他商家挑走了。

即墨服裝批發市場的營業時間

夏季（5月8日～9月30日）
06：00～16：30

冬季（10月1日～5月7日）
07：00～16：00

另外，由於即墨服裝批發市場歷經2次搬遷與4次擴建，為了容納原有的老商家，1樓多半給了老商家，不過老商家的經營習性比較守舊，特別是到了A區1樓，感覺更是明顯，所以如果覺得1樓的檔口比較像廣州十三行的樣子，那就是了。這些老商家由於位在A區1樓，來即墨服裝批發市場批貨的商客一半以上是從E區這邊進來的，所以老商家區感覺沒有E區熱鬧，但如果到這邊批貨，說不定會挖到不錯的商品。

■到即墨服裝批發市場批貨最好是早點來

外貿區與貨運區

從A區側邊的出入口向外看去，先可看到3層樓高的圓弧型汽車通道，自行開車前來的商客可從A區側邊的車道開上3樓屋頂的露天停車場，再向遠處望去可看到不遠處有一整排2層樓的房子，上面掛著「外貿城」三個字，這不是屬於即墨服裝批發市場的檔口，而是業者希望能夠貼近這個最大的服裝批發市場，另外規劃出來的服裝批發區。如果有空的話再去看吧，沒空不勉強。

再往旁邊走，會看到好像很多包裹放在空地上，原來這裡是即墨服裝批發市場的貨運區（主要是青島匯鋒物流公司承包下來的），這裡主要是發貨到大陸的主要城市，不管是北方的北京、天津、山西、東北，連華東的浙江或內陸的湖北、湖南、四川等省市都有發貨，不過臺灣就不在他們的服務範圍內，但福建是有發貨的。

在這個附設的貨運區隨處可見堆滿了各種商品的大帆布包等著發貨前往目的地，不過

■即墨服裝批發市場旁有一個外貿城，應是想沾光而成立的批發商場

在批發市場的後面隔一條街，有另一個物流中心叫做「即墨商城物流中心」；這個物流中心挺大的，裡面有好幾家物流公司，但是還是以大陸各省市的發貨服務為主，我曾拜訪了幾家，希望能找出有提供發貨到臺灣的物流公司，不過很可惜，這裡的物流公司都沒有提供這塊服務，其中甚至有一家物流公司的經理幫我打了好幾個電話，希望能夠提供這樣的服務，但他們最多就是提供到福建的貨運服務，到了福建後，就得自己想辦法再從福建走小三通回臺灣，這樣並不符合我們的貨運需求，所以我才會找到另外兩家有提供空運服務的物流業者。

批貨注意事項

1.多走多看，謹防「炒貨」

幾乎所有的批發市場，檔口和產品會多得讓人幾天都看不完，而且眼花繚亂。有人看準了前來批貨的商家不太可能看完所有的檔口，所以在批發商場中有一種檔口會用一種「炒貨」的方式來賣貨，這些檔口沒有生產能力，但他們到不同工廠進貨（這些工廠在商場中也有自己的檔口），然後再轉賣一手，可想而知，價格比廠家批發價要貴。

仔細觀察的話，這樣「炒貨」的檔口還是可以看得出來的，特徵是檔口的貨品沒有一個統一風格，什麼樣的產品都有，但他們也很厲害，透過他們的精心搭配會讓你以為他們是一個中高檔的品牌，價格自然也拉高不少，所以我只能建議，先不要急著批貨，多看、多問，如果看到不同檔口有同樣產品，從價格差距可讓你心裡有個底，才不會多花錢批到同樣品質的商品。

2.看中意的檔口，記得留下聯絡方式

我在本書一開始就提到批貨的訣竅之一，就是要留下看中意的檔口的聯絡資料。在批發市場中，有風格各異的檔口。有時我們批貨時也是憑直覺的，會特別注意跟自己經營風格相似的檔口，這點也無可厚非，所以更要注意，只要是跟自己風格接近，價格也比較滿意的檔口，一定要留下名片，將檔口的特色記錄在名片背後，回到飯店後再整理在筆記本上，只要這樣子跑檔口，相信幾次下來，你就能累積到不少合適的貨源，畢竟給自己多點機會，將來會怎樣發展，至少進可攻退可守。

3.當面清點，避免損失

批到貨後，有兩件事情當場要注意的，一是當面清點好貨款，一是當面清點好商品。所謂銀貨兩訖，批了貨，可別多付了錢，至於貨品則要不怕麻煩，在離開檔口前，盡可能檢查商品，因為在商場大家搶著拿貨時，我們很容易被批貨的氣氛弄得更緊張，所以檔口少算一件服裝，或是顏色、尺碼、款型錯誤的事經常發生，我們又不可能千里迢迢跑回去換貨，吃了任何差錯都得自己承擔，所以與其事後懊悔，倒不如現場仔細點，集中精神把批貨檢查清楚。

4.淺色商品，仔細檢查

幾乎問所有的創業家都會告訴你，現在做生意比以前要難好多，顧客最喜歡的商品就是「好吃、便宜又大碗」，既要產品品質好、樣式新，還要便宜，只是說天底下哪有這麼好的產品？大家又不是做慈善事業的，如果發現有成本較低的商品，那就更要注意產品品質，因為低價的商品，品質通常更不穩定，因為小廠為了節省成本，常常生產過程出現次級品也不會挑出來，還是放在成千上萬的商品中，而且也不是所有的批貨商客都會一件件檢查，況且很多商品都是外頭包得好好的，批貨者就更容易被外表的包裝所蒙蔽，誰也不會認為包裝完好的裡面還會再出什麼問題，因此有個訣竅就是多花點心在淡色服裝或商品的檢查，因為淺色或白色的服裝因顏色淺，更容易粘染汙漬，通常淡色服裝染到汙漬就非常難處理，只能賤價求售，所以建議大家在選擇淡色商品時，更要睜大眼睛檢查商品品質。

青島小商品批發市場①：即墨小商品城

其實青島的批發商場很多，但不是每個批發商場都值得一看，例如在大青島區有好幾家溫州商貿城，但有些是山東當地的地產開發商自行開發出的批發商場。我們知道，經營一個批發商場難度甚高，不是找塊地、把建築蓋起來，找些商家進來就解決，像萊西市、城陽區、青島開發區都有溫州商貿城，但每個地方的溫州商貿城都跟我們想像的「商旅雲集」、「摩肩擦踵」的批發商場不太一樣，像萊西市的溫州商貿城就像個破落戶一樣，用「家道中落」還不足以形容它的景況，而且萊西市還在即墨市的北方，幾乎已經是青島到威海的三分之一路程，所以我絕對不建議大老遠跑去萊西的溫州商貿城，而開發區的溫州商貿城則較像是個購物廣場，也不是批貨的地方。

那青島還有可以批小商品的批發市場嗎？答案是「有的」，而且有兩個，一大一小。大的那個離青島即墨服裝批發市場約500公尺，同樣是在即墨市鶴山路上；小的那個就在青島市區，離四方長途汽車站僅5個公車站的距離。接下來先來介紹大的小商品批發市場。

■即墨小商品城

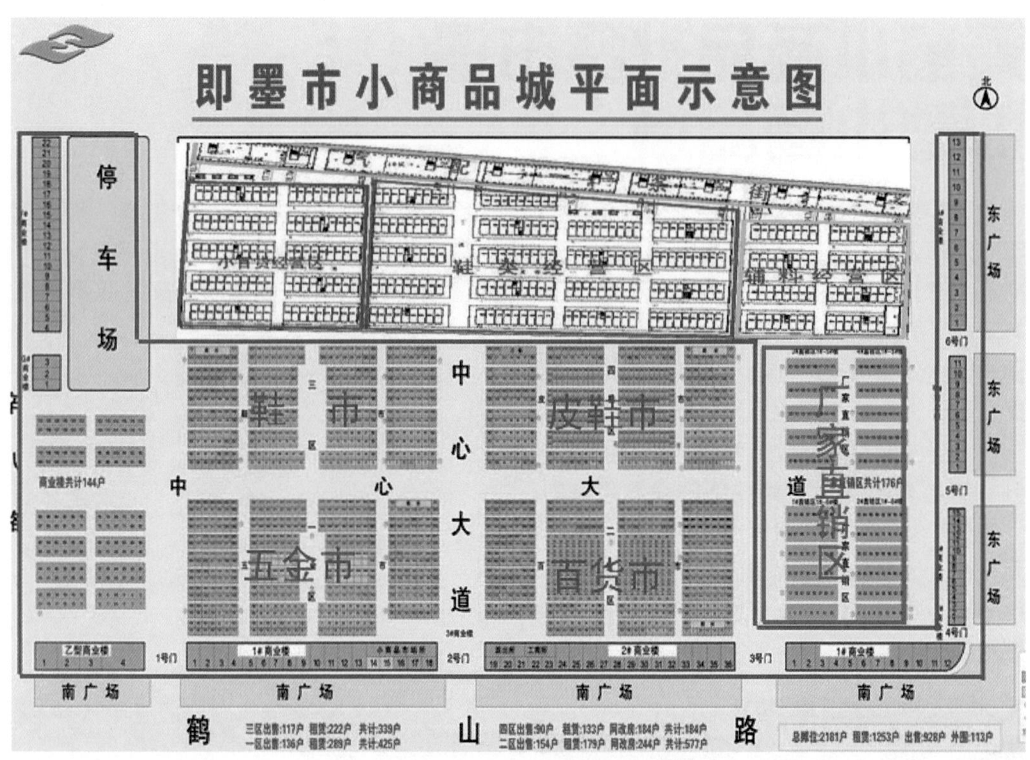

資料來源：www.sdjmxspc.com:82/about.asp?id=4

即墨小商品城和即墨服裝批發市場僅約500公尺的距離，車子從煙青路右轉進鶴山路之後，沒多久就會看到也是很壯觀的3層樓高度左右的商場在右前方出現。不過，雖然，即墨小商品城和即墨服裝批發市場一樣都是3層樓的建築，不過還是沒有服裝批發市場的壯觀，當然服裝批發城算是比較新的建築，外觀也比較有設計感，不過第一眼看到即墨小商品城，還是會對它的大感到印象深刻。

從即墨小商品城平面圖中，可發現商場分成好幾個區，包括「五金區」、「百貨區」、「鞋區」、「皮鞋區」、「廠家直銷區、「輔料經營區」等，不過這樣說大概你還是不清楚這裡到底是賣什麼葫蘆。

其實應該這樣說，即墨小商品城的商品種類中，除了服裝之外，其他的商品都有得批，包括小五金、小電器、鐘錶電子、線帶、紐扣、飾品、工藝品、化妝品、腰帶、箱包、皮具、文具用品、塑膠製品、玩具、鞋類、帽類、襪類、頭盔、輔料、漁具、傘類、玻璃製品、辦公用品、布匹等超過20大類，近5萬種商品都可以在這裡批到。簡單地說，即墨小商品城就等於是廣州已被拆除的藝景園加上旁邊的萬菱廣場，這樣說就很清楚了。

即墨小商品城占地約350畝，總營業面積超過5萬2千坪，所有的經營檔口約2,100家。現在知道的是，經營即墨小商品城的營運公司還打算再歸劃出精品市場區、客運區、物流區。

■即墨小商品城除汽車用品外，也有化妝品檔口

■即墨小商品城也有銷售各種家庭或店面裝飾品的檔口

■即墨小商品城也有這種專賣耐熱餐具的檔口

品牌商品一樣找得到

我們會以為在這種小商品批發市場能夠看到的，都是沒有品牌的產品，其實倒也不然，因為畢竟在大陸數一數二的小商品批發市場中，品牌產品如果能夠打進市場，在銷售上也是另一種助力，所以即墨小商品城的業者就組成像嬰童行業協會和休閒運動鞋業協會之類的協會組織，其中嬰童產品業在大陸享有較高的知名度和影響力。

像最近即墨小商品城的休閒運動鞋業協會的會長胡維俊就取得大陸本土品牌「金蜥蜴」的授權生產運動鞋、皮鞋、箱包和皮具的經銷權，這些都是即墨小商品城要從單純生產升級到品牌行銷的道路，這一點倒是跟臺灣的產業發展一樣。

即墨小商品城面積大，但主要的銷售空間都在1樓的檔口，不過還是很容易迷路，所以基本上從主要大門進入後，左邊是五金區，右邊是百貨區。百貨區的產品很多樣化，箱包、汽車用品、飾品、茶具、家庭擺飾、中國結飾品、辦公室用品、文具等應有盡有，另外還有嬰兒車、兒童車、玩具等。

由於文具、玩具、禮品向來不分家，所以在百貨區也可以找到，由於文具、玩具、禮品、婚慶用品、飾品都集中在百貨區內，相較之下，小電器區還算挺大的，而鞋類也是很大，不過汽車用品的檔口倒是不少呢！

至於五金、小電器區則是許多臺灣廠商喜

■臺灣女生很愛戴這種毛線帽

歡的產品線，幾乎你能想得到的小電器這裡都找得到，像是大聲公、按摩棒、雙筒望遠鏡、天文望遠鏡、LED黑板、小型DVD播放機、電子相框，還有現在幾乎是開車族必備的行車記錄器等都有，計算機這類的商品就更不用說了。有些電器或電子產品的毛利是還不錯的，所以我比較建議想要出國批貨，一定要先確定自己想切入的市場，再去找適合自己成本的批發市場，我覺得來渤海灣的批發市場批貨，最好是以毛利（或單價）較高、市場較少見、獨特，或屬於利基市場的商品，如果零售價格本來就低的商品，即使成本再低，運費一加上去，所有的利潤就都被吃掉了，所以我比較建議以上述條件的產品作為批貨的依據。

由於北方冬天冷，除了戶外保暖的相關產品外，室內保暖也是一塊越來越受到重視的市場，即使臺灣也一樣，近幾年臺灣的冬天即使是暖冬，但寒流下來時，還是讓人凍得受不了，所以不管是在辦公室或是在家裡都有保暖產品的需求。

我在這裡看到一些臺灣和廣東至今尚未看過的保暖產品，例如保暖水袋，這種保暖水袋是插電的，可控制水溫，比較不會像暖暖包會一直發熱，放在身上或被子裡，一不小心會變成蒙古烤肉，所以如果對這類保暖產品有興趣，也可以來這裡找找看新產品。

還有各種很「萌」的毛線帽在這裡也找得到，款式眾多。這些保暖時尚商品在臺灣越來越有市場，來這裡也能找到各式各樣的產品。

至於鞋類與皮鞋類產品是分成兩區。在秋冬季節，鞋類區有很多檔口都推出保暖拖鞋，那種厚厚、大大，有著卡通圖案的毛拖鞋，一直是臺灣女性消費者很喜愛的商品；在即墨小商品城裡每一家賣這種保暖拖鞋的檔口各自都有自己的一些花樣特色，有短絨毛保暖拖鞋，也有長絨毛保暖拖鞋，兩種各自有消費者喜愛，但每一雙看起來都很可愛，而且鞋底也是防滑底，整雙暖拖鞋的質感很不錯，我自己看了也很喜歡，我在瀋陽南塔鞋類批發商城也有看到，但如果沒打算跑瀋陽批貨的話，在即墨小商品城就可批到類似的產品了。

■臺灣沒見過的冬天用熱水保暖袋

■即墨小商品城裡有幾家賣厚墊拖鞋的檔口

另外，大陸這幾年一直很流行十字繡，這些十字繡有原料，也有成品可供批發，這些十字繡已經不是很簡單打發時間的休閒產品，而是有點像臺灣的拼圖產品，雖然曾有過紅極一時的歲月，然而至今還是有一定的市場，有一定的消費族群，也許臺灣還可再切出一塊屬於十字繡的市場，就看創業者要怎樣包裝這塊市場了。

在即墨小商品城還有一些專賣各種皮製腰帶的皮件檔口，這些檔口除了銷售真皮、合成皮的腰帶外，還有一些比較特殊的產品，像是年輕人很夯的帆布腰帶，也許你會問：「帆布腰帶有什麼了不起？」不過如果做這塊市場的業者就會知道，這種帆布腰帶的腰帶頭是有各種雕花的金屬頭，比我以前買的美軍迷彩服上用的帆布腰帶更有設計感，而且腰帶本身是純帆布製，不像美軍腰帶用的是尼龍布。臺灣市面上如果有賣這種帆布腰帶的，都標榜是從香港進口，其實這些帆布腰帶在這裡都有得批，因為我本來就很喜歡這種帆布腰帶，所以特別買了十幾條回來送朋友。

如果要批各種運動休閒鞋的話，最好往後頭走，小商品城後方的兩棟連棟建築幾乎都是大陸的品牌休閒鞋、運動鞋廠商，在這裡能看到的產品比較多樣化，也較新穎。

小商品的種類繁多，我也很難一一列舉出小商品城所有檔口有銷售的產品，但我覺得畢竟南北有別，北方的批發市場換季明顯，很多秋冬季節的產品比廣州批發市場要更多樣化，這也是即墨小商品城的特色之一。

將商品送回臺灣的貨運公司

在即墨小商品城後方有一大塊廣場，周邊的2層樓建物外都是寫著即墨到上海、常熟、河北等地的招牌，這裡就是即墨小商品城的貨運服務區。在眾多的招牌中，有一塊蘋果綠色的招牌顯得特別顯眼，這家就是有提供貨運到臺灣服務的「新邦物流」。

新邦物流在即墨小商品城服務區的單錦剛經理說，由於他們在即墨服裝批發市場並沒有服務點，因此如果臺灣的創業家在即墨服裝批發市場批了商品，需要利用物流業者運送回臺灣的話，他請業者送到500公尺外的即墨小商品城後方物流區的新邦物流，服務人員會幫忙打包，確認抵達臺灣的可能日期。單經理是個非常熱忱的人，他會按照不同商品運回臺灣的實際情況作說明，不會「忽悠」（臺灣話就是「唬爛」的意思）商客，我覺得是很好的一家物流業者。不過我也建議臺灣創業家最好在現場監督打包，這樣可避免不必要的糾紛。

■位於即墨小商品城後方貨運區的新邦物流

青島小商品批發市場②：青島小商品批發城

在青島市區內有幾個小商品批發市場，像是位於華陽路、青海支路的青島小商品批發城，以及位於利津路的小商品批發市場。利津路上的小商品批發市場就不建議去看了，因為看起來就是個露天巷道的市場，因此我不建議浪費時間去這裡。至於位於台東商圈長春路上的天馬外貿商品城也是個不建議去的市場，很多人誤以為天馬外貿商品城是廣州天馬服裝批發市場在青島的另一個賣場，我去看了之後，總結起來，它就是一個像臺北萬年商場的零售商場，裡面也是一個個的檔口，但真的是給消費者週末假日去淘寶的，要說去批貨，那就真的不必去了。

至於位於華陽路與青海支路交叉口的青島小商品批發城倒是可以去看看。如果從四方長途汽車站出發過去的話，跟去中韓國際小商品城一樣，都是要在「四方火車站」這個公車站牌搭車；只不過去青島小商品批發城的公車站牌是在去中韓國際小商品城的公車站對面搭車，因為從四方長途汽車站去中韓國際小商品城的路線是所謂的「上行」（往北走），反之，去青島小商品批發城的路線則是「下行」（往南走）。

■青島小商品批發城裡販賣保暖品的檔口

從四方長途汽車站搭乘5路公車，如果是面對四方長途汽車站的話，就得往左轉走一小段路，就可以走到隔壁的杭州路上，再走約300公尺就可看到「四方火車站」的公車站牌（這個就是「上行」的公車站牌），這時請走到馬路對面找公車站牌，搭5路就可以；只要搭5站就到了「華陽路」站，而馬路對面就是青島小商品批發城。

■青島小商品批發城的襪子檔口

青島小商品批發城在規模上可比即墨小商品城要小很多，大概只有整個即墨小商品城的五分之一不到；1樓是以小家電、五金用品居多，不過2樓的產品就較為集中，2樓以襪子、內衣褲、寢具、毛巾、保暖衣、服裝為主。不過就我實地觀察，2樓是以襪子、內衣褲保暖衣褲居多，但也並不表示此地無值得批貨之物，因為襪子的品項、種類非常多樣化，應該說你想得到的各種襪子這裡都有，運動襪、塑身襪、保暖襪、絲襪、棉襪、毛襪、造型襪、按摩襪等。

對了，我在這裡也看到現在臺灣夏天很流行的抗UV涼爽襪，這種抗UV涼爽襪的好處是不需要塗抹各種防曬乳液，相信它會是許多女生的夏日新寵。這些女性機能襪臺灣的零售價格最便宜的也要好幾百元，以批貨的角度來看，這種機能襪體積小、重量輕，貨運成本相對低很多，而且機能襪在行銷上比一般棉襪、絲襪更有賣點，這也是我說的批貨盡量批特色產品的原因。

我在2樓的一家襪子檔口看到有賣加壓彈性褲襪，這種彈性襪用在日常運動、長久站立的工作者（護士、店面營業人員等工作者）、腿部復健的病人，甚至需要長途搭機旅行的旅客，這種彈性襪都能防止靜脈曲張，臺灣當然早有這樣的產品，但這裡批發價格挺低的，所以還是有利可圖。

除此之外，各種鞋墊也都能在2樓找到，還有這兒賣內褲、保暖褲的檔口也不少，如果是走襪子、內褲之類的生意，我覺得除了即墨小商品城之外，有空的話也可以來這裡看看，至少有不少這類的產品可以批貨，也可把這裡當成「候補」，如果有時間就再過來看看。

青島小商品批發市場③：中韓國際小商品城

乍聽之下，所有人都會以為中韓國際小商品城是另一個專門做小商品批發的商城，不過至少目前還不是這樣的，目前的中韓國際小商品城是個主要以飾品加工、工藝品製造銷售、原物料批發的商城。

介紹中韓國際小商品城之前，得先介紹一下大陸小商品、飾品的發展歷史。早在1980年代，由港臺業者引進資金、技術到廣東的是大陸第一代的小商品市場，接著由廣東逐漸發展到浙江義烏是第二代，之後又從義烏延伸到青島，也就是大陸的第三代小商品、飾品產業區，也形成三足鼎立的態勢。

中韓國際小商品城在面積上幾乎可以跟即墨服裝批發市場相提並論，而且在發展上不像服裝批發市場是有歷史緣由，中韓國際小商品城是由青島政建投資集團有限公司開發建設的，一開始就已經有完整的三期規劃，第一期是飾品配件專業街，第二期是工藝品配件城，第三期是小商品城。

第一、二期已經完成並招商營運，第三期完成後會是個集工藝品、飾品成品的綜合市場，經營項目將包括流行飾品、珠寶飾品、工藝品、民俗工藝品、辦公用品等，雖尚未完成，相信在未來不久後就會開始營運。

你也許會說，幹嘛介紹這種成品不多的批發商場？我認為，批貨的創業家有各種不同的背景和營運模式，我也相信一定有業者想要往更上游走，如此一來利潤空間會比光是批現貨來得高，而且最終想要走向自有品牌的路，就不可能只是以批貨來解決貨源問題。

像廣州站前路西郊大廈的5樓也有一些專門銷售飾品的檔口，海珠廣場的泰康城則是有一些檔口在自己的店門口進行加工（和韓國首爾的東大門批貨區一樣，所有的飾品從原物料、零配件的選購到加工成商品，都是一條龍的產業鏈），來到中韓國際小商品城則算是來到這個產業的最上游。

中韓國際小商品城和中韓國際飾品配件專業街就隔著一條馬路，這裡可算是渤海灣最重要的飾品原物料、配件及代工廠區，這裡有一個很好聽的名字「青島新飾界」。

青島新飾界周邊沒有像即墨服裝批發市場的鶴山路那麼熱鬧，原因是因為這裡沒有太多現貨，而是一部分依照廠商的設計做成樣品，客戶看上後再下單，另外也提供大量的各種零配件供客戶選擇，可從現有產品中再加以變化，如果客戶需要他們幫忙組裝的話，他們也提供代工服務，這就是中韓國際小商品城的主要業務，而對面的中韓國際飾品配件專業街則是提供中韓國際小商品城各種原物料的後勤中心。

■中韓國際小商品城外觀

由於中韓國際小商品城是以飾品原料、配件、代工業務為主，因此大多數的店面除了牆上、櫃子裡掛放著各式各樣的飾品、串珠原料之外，還會有辦公區，目的就是如果客戶有設計或代工需求，都能在店裡一次解決。

從大門口走進後，會看到1樓店面的窗上掛滿了各種飾品原料，從鍊子、指環、到串珠，琉璃、珍珠、貝殼各種零配件應有盡有，金屬配件檔口在這裡也非常多。客戶在外頭就可大致了解這家業者有哪些商品，只要客戶有任何設計構想，在這裡都能找到實現設計的原料、配件與代工製造的服務。

我在中韓國際小商品城正門左方的招牌

上除了看到這裡批發各種水鑽、鋯石、天然石、半寶石，還有一塊招牌上印著「首選高品、腐蝕產品」，乍看之下還真讓人嚇一跳，其實這是兩岸產業用語不同，可別嚇到了；所謂的腐蝕產品指的是以脫蠟方式製作飾品基台好鑲嵌寶石上去，大家都知道脫蠟方式是大量生產的前置步驟，可見在青島新飾界是想朝飾品批發、打造品牌的創業家的天堂。

中韓國際飾品配件專業街的店家招牌上都寫滿韓文，據了解有些老闆是韓國人，更多是大陸本地業者，做的都是韓國的生意，可見在首爾東大門的飾品檔口，都只是很下游的飾品檔口。

除了1樓之外，也別忘了上2樓看看，2樓的檔口雖然做的也是一樣的生意，但2樓的檔口在開價上可能會比1樓的檔口來得低一些（因為檔口租金的關係）。我在2樓檔口還特別跟幾家業者談了一下，發現這裡的飾品業者做生意都很有彈性，他們可以依照客戶的設計圖開模，但這樣的方式比較適合已經有一定規模或經營有一段時間的業者，如果彼此妥協一下，他們也可以按照設計圖找出現有的各種零組件加以搭配，搭出最接近原始設計圖的成品，如果客戶覺得可以，就可根據這個組合開工。

我跟其中一家飾品公司老闆談過，他有不少客戶都是先來看原物料，後來慢慢進階透過他們到自己組合飾品，逐漸打出自己的品牌，這裡可說是許多飾品的培育中心。

怎樣到中韓國際小商品城？

中韓國際小商品城是一個頗大的特定批發區，這樣大的批發專業區不太可能坐落在青島市區裡，所以中韓小商品城選定在青島北邊郊區的城陽區興陽路；簡單地說，它是位在流亭國際機場北邊不遠處，距離流亭國際機場5站的距離，所以在中韓國際小商品城常常可以看到飛機從空中飛越。

也就是說，如果攤開地圖，從南往北看，分別是青島四方長途汽車站、城陽汽車北站、流亭國際機場、中韓小商品城、即墨服裝批發市場，這樣說應該比較清楚了，也就是說中韓小商品城剛好在青島四方長途汽車站與即墨服裝批發市場之間。

■青島往城陽區的公路

■青島305路公車有到青島小商品批發城

青島305路公車搭車說明

由於往即墨服裝批發市場的即青快客中途並沒有轉到中韓小商品城，所以我們得另外找交通工具過去。當然最簡單的辦法是搭計程車，但如果早上時間沒那麼趕，早點起床早點出發的話，我覺得也可嘗試搭公車過去，反正只要人民幣1元。要搭305路公車到城陽區的中韓小商品城，可不是在四方長途汽車站對面的四方大酒店搭車，而是必須走到隔壁的杭州路上，約走300公尺就可看到「四方火車站」的公車站牌，在此搭305路就可以了，因為305路可一趟直接搭到終點站的前一站「中韓小商品城」。

青島305路公車路線圖

團島 → 紅山峽路 → 明月峽路 → 青黃快船碼頭 → 巫峽路 → 西鎮 → 青島火車站（蘭山路）→ 棧橋（中山路）→ 中山路〔東方貿易大廈〕→ 市立醫院 → 承德路 → 科技街（頤高數碼廣場）→ 華陽路 → 埕口路 → 長春路 → 長途站（內蒙古路）→ **四方火車站** → 四方 → 四方小學 → 杭州花園 → 北嶺 → 北嶺山森林公園 → 水清溝 → 中心醫院 → 海晶化工 → 勝利橋 → 滄口飛機場 → 永平家園 → 國棉六廠 → 振華路西站 → 興華路 → 興華苑 → 興城路 → 板橋坊 → 水泥廠 → 城廠 → 德江路 → 婁山后 → 南渠 → 湘潭路 → 瑞金路 → 汽車北站 → 紅埠 → 趙紅路 → 流亭〔重慶北路〕→ 迎賓路 → 劉家台 → **流亭國際機場** → 寶安路 → 南城陽 → 北後樓 → **中韓小商品城** → 世紀美居

青島小商品批發市場④：青島義烏小商品批發市場

2011年，來自浙江義烏的金田陽光集團在青島城陽區進行總投資金額人民幣20億元，總占地1,300畝，分三期進行，總建築面積達到90萬坪的小商品批發市場；光是第一期計畫建成時，面積就有10個足球場那麼大，建成後將會是山東最大的小商品單體批發市場。

這個金田陽光集團是浙江義烏頗有名氣的建設集團，這家市場建設與營運集團在2009年同時在華北、華南、西南、東北等地區進行大型小商品市場的建設案。其實批發市場的營運難是難在硬體建設時的招商和落成後的營運及吸引客戶，這個集團能在一年內同時有7個案子在動，也算是很有本事的營建業者。

金田陽光集團之所以看中青島而建設青島義烏小商品批發市場，原因很簡單，就是看中和日本、韓國貿易的地理優勢，加上交通便利，共有膠濟鐵路、308國道、204國道、濟青高速、煙青公路等主要對外幹道，離流亭國際機場又近；城陽區也是山東唯一一個在市區內設有海關，讓貨物可在24小時內辦理快速通關業務的城市；而且長期居留在城陽區工作、生活的韓國人就將近20萬人。可見不論是青島或威海都是中韓密切交流的城市，但金田陽光集團會選中青島作為建構山東最大小商品批發市場的基地，當然還是相中青島龐大的消費人口與發展腹地。至於青島義烏小商品批發市場完工投入營運後的主要經營方向將會是以外銷日、韓的外貿訂單為主。

根據青島市城陽區政府的資料，青島義烏小商品批發市場的規劃設計，基本上是以浙江義烏小商品批發市場的規劃設計為基石，再結合青島周邊城鎮的經濟發展所建構的國際級小商品批發市場。

從青島義烏小商品批發市場第一期計畫中發現，這個可說是渤海灣區，甚至是華北最大的小商品批發市場，將擁有中心市場區、商業街、美食街、倉儲物流中心，同時還有國際會展中心、文化廣場及服務園區等配套項目。相信不用多久，青島義烏小商品批發市場就會是渤海灣區另一個小商品批發旗艦，距離即墨服裝批發市場也不會太遠，而且一定是非常現代化足以跟義烏小商品批發市場匹敵的批發商場，就等你去批貨喔！

■青島海邊離市區很近

威海批發市場

從青島四方長途汽車站搭上往威海的長途巴士，通常走青威高速公路，平均4小時就可以到達威海，大概是臺北與臺南之間的行車距離。到威海汽車站後，再搭1路公車就可以到海濱北路主要批貨商場區。

說起威海，我就小小提一下威海在中國近代史上的故事，清朝在1888年正式成立北洋艦隊，北洋艦隊的基地由大沽、威海衛（現在的山東省威海市）和旅順三大基地構成，有當時全世界非常先進的鐵甲船戰艦定遠號和鎮遠號。

原本還要再訂購十幾艘定遠級鐵甲船，結果這筆幾千萬兩白銀的軍費被慈禧太后拿去重修頤和園，光緒皇帝的結婚大典又花掉500萬兩白銀（等於三艘半定遠艦的建造費用），後來李鴻章又把英籍海軍訓練員琅威理「炒魷魚」，以致軍紀敗壞，軍費嚴重不足，連艦砲砲彈都購不齊。1894年，中日甲午戰爭爆發，最後定遠艦在威海衛自沉，鎮遠艦觸礁無力再戰，清朝海陸兩線作戰均潰敗，於1894年由李鴻章和日本簽訂《馬關條約》，臺灣就此割讓給日本，現在威海海濱的劉公島還有甲午海戰紀念館，所以說起來臺灣跟威海也有一點點的歷史因緣；而就在威海旅遊碼頭不遠處就停放著2005年下水的一比一大小的定遠艦複製品作為海上博物館。

■海濱北路一景

1990年代「借韓興威」戰略加速威海興旺

至於威海會成為中國第一個韓國商品集散地，聽說還是拜幾位在韓國的華僑之賜。這幾位華僑於1991年回到久違的山東威海，熱情的威海老鄉讓他們有回到故鄉的溫暖，後來他們回到首爾後，就自費登廣告介紹威海，一時間，在韓國的華僑及韓商開始知道威海這個城市。

接著，隨著威海到仁川的往返航線開通，越來越多搭渡輪回山東探親的韓國華僑發現商機，從首爾帶韓國服裝到威海銷售，再從威海帶土產回韓國，利潤不錯，使得越來越多「單幫客」絡繹於途，中國的第一波「韓風」從威海開始吹起。

做韓貨的商家變多，「哪裡做生意」就成了難題，一開始接待那幾位韓國華僑在威海住宿的麗園大酒店，在該飯店總經理的計畫下將3樓改成商場，接著威海市政府也看到市場的變化，提出全面「借韓興威」戰略，希望藉由中韓貿易帶動內需市場，提升威海在渤海灣區的商業地位，於是從1992年開始，麗園大酒店成為威海，甚至可說是中國第一個韓貨銷售商場，這一年也被稱為威海的「韓流元年」。

韓國服裝進入威海，給當地的服飾產業帶來新元素與新衝擊，一些韓國華僑和韓商也發現威海在人力、自然資源、土地、廠房的成本優勢，陸續把工廠搬到威海。大批韓國服裝企業的湧入，為威海注入新動力。

隨著越來越多人知道山東威海賣時尚的韓國服裝後，「遊威海，買韓國服飾」就成為1990年代威海旅遊的代名詞之一；當服飾產業升級後，更多韓國人來到威海工作、找商機，韓國餐飲和休閒娛樂也跟著繁榮起來。

從當時開始，威海逐漸發展成一個具有韓國特色的商貿港市，走在威海市區，各種服裝專賣店林立，韓字招牌處處可見，乍看之下還真的像韓國城市。威海每天有一班往返韓國的渡輪，航行9小時可到韓國；一天有6班威海飛首爾的班機，只要45分鐘就可到首爾。交通發達，自然也帶來了大量的韓國人到威海。

從1993年起，在威海做韓國商品生意的人越來越多，威海批發商場開始越來越多，大陸很多城市都到威海來批韓國商品回去賣（畢竟從其他內陸城市到韓國批貨很麻煩，光是辦理出國手續就煩死人），威海變成韓國商品輻射到大陸其他省市的中心點，威海也逐漸形成韓國批發商場的商圈，接下來將介紹幾個威海重要的批貨商場。

■和南方截然不同的威海建築風情

威海的知名特產

威海海參

那種泡水之後會變胖又軟軟的海參種類甚多，威海的海參屬於刺參。刺參算海參中的上品，海參多半為灰黑色或黃褐色，成年的海參體長約20～40公分。威海沿海岩礁多，海藻茂密，海底腐植碎屑豐富，所以海參的尺寸大，肉質肥厚，料理後鮮嫩可口。

一般海參市價在人民幣800元／公斤，上品則要人民幣1400～2000元／公斤。

威海對蝦

威海位在山東半島的東部，沿著海灣都是對蝦洄游的地方，因此得天獨厚的威海可說是對蝦的捕撈和養殖地點。威海年產對蝦2萬多噸。新鮮的對蝦呈現青碧色，而且有點半透明。煮熟後蝦身變橘紅色，鮮甜可口，是蝦中上品。

威海對蝦分為春蝦、秋蝦。春蝦價格為人民幣240元／公斤，秋蝦價格為人民幣120元／公斤左右。

威海蘋果

威海蘋果栽培的歷史極為悠久，年產量18萬噸左右。威海是丘陵地，氣候溫和，地質疏鬆，適和蘋果生長。在氣候方面，夏秋季節，光照充足，晝夜溫差大，非常有利於蘋果的生長。威海蘋果品種繁多，有小國光、青香蕉、紅星、金帥等數十個品種，其中以晚熟品種小國光最為著名。威海蘋果一般價格便宜，一般市場都有賣，如果有機會去批貨，可買些回來品嚐。

威海大花生

威海是山東大花生的重要產區之一，年產量20多萬噸。威海大花生體型大、顆粒飽滿，清脆可口。加工製成的烤花生果、炸花生、脫皮花生等系列食品，還外銷到美國、俄羅斯、波蘭、瑞典、新加坡等國，也算是出國比賽得冠軍了。到威海，別忘了買些花生、啤酒，嚐嚐看威海大花生和臺灣花生有何不同之處。

威勝韓國服裝批發城

威勝韓國服裝批發城是威海的批發商場中最老牌的一家，它就位在海濱北路上，離威海旅遊碼頭走路約5分鐘就可抵達，我覺得威勝韓國服裝批發城的檔口產品都很有特色，這也是為何我還滿喜歡這家批發商場的原因。

現在所謂「韓貨」的定義已經越來越模糊，即使在首爾，也有越來越多的商品是韓國設計，然後在成本較韓國低廉的東南亞國家（包括大陸在內）生產後運回首爾，而威海也是韓國商人設廠的地點之一，在威海我就看到一些挺有韓國風的商品。

威勝韓國服裝批發城的1樓有一家專賣韓國飾品、用品的檔口，我覺得不管批任何商品，都要批有特色的才有意思，否則就太無趣，也容易陷入價格競爭。這家皮夾檔口的產品就非常好看，光是牆壁那好幾排「萌」

到不行的少女皮夾，相信會讓無數的女生愛不釋手，我自己看了都非常喜歡。

當然除了「萌」少女皮夾之外，泰迪熊皮夾一樣讓人眼睛為之一亮，我拍了一張泰迪熊皮夾的照片，作為佐證，這些泰迪熊皮夾有手繪的，有攝影的，每一款都有各自的風格特色；除此之外，還有其他各種造型、大小的皮夾，有現代的，也有傳統的，倒沒有說集中在某一種風格。除皮夾外，還有不同設計、種類的零錢包，除了「萌」少女風格的零錢包之外，也有較傳統典型的零錢包。

除了皮夾之外，這家檔口的飾品和一般用品也都有一定的設計感，像飾品大都屬於年輕族群；另外像襪子，除了秋、冬季的塑身保暖襪之外，也有一些造型短襪，好比那種左右腳組成一個完整圖案的造型短襪，都是在襪子中另外做出具有設計感的產品；造型化的手機吊飾在此也找得到。

■牆上的喜羊羊、無尾熊襪子都是成雙設計

■除了「萌」皮夾外，還有零錢包也很可愛

服飾檔口和首爾東大門非常近似

往樓上走，2、3樓主要是以服飾檔口為主，可能是距離首爾很近的關係，這裡的服飾檔口跟首爾東大門批發商場的檔口非常相似，不管是服裝風格、質料、檔口的規劃也都很有東大門之風。

我和一家幾家服飾或飾品檔口老闆聊了好久，從他們的口中也了解到威海的服飾產業現況。在威海各批發商場的檔口不少都是韓國或韓國華僑老闆，其實我們在臺灣比較難想像一堆韓國人在臺灣街頭開店的景象，但是在威海、青島、瀋陽的韓國街，可看到很多韓國人或韓國華僑。我的當地朋友們只要看對方一眼，聽對方說一句話，就知道他是當地人還是韓國來的。

在2、3樓的檔口都有各自的特色，可以看出，這些服裝或穿搭沒有大陸的風格，服飾布料品質也好，而且我在這裡看到的服裝款式跟東大門差不多同步，這也是我比較喜歡威勝服裝批發市場的原因，雖然檔口的裝潢設計還沒有東大門那麼到位，但服裝真的挺不錯，我看到不少皮衣和長袖外套，作工很細緻，看了令人愛不釋手。不過威海因為是個觀光聖地，觀光客往來多，所以在價格方面是可以殺價的。至於殺價原則，還是以批貨的量為準，但如果覺得檔口開的價遠高於自己的底線，那就不要勉強，反正還有其他檔口可以看，因為除了檔口外，還有一些攤位也批些特色小商品，可以多逛逛。

不過威海各批發商場中，男裝檔口的數量並不多，如果是專做男裝生意的話，我就不是很建議到威海來（除非還想看其他的商品）。

■檔口裡模特兒身上穿的服裝質料很好

海港大廈韓國商品城

海港大廈韓國商品城是威海另一個頗大的批發商場，地下室是一家叫「首爾美」的商城，一般的批發商場都是將內部分成一個個檔口再租給業者做生意，但這家「首爾美」幾乎包了整個地下室。

首爾美韓國城的商品包羅萬象，食品、高麗蔘、寢具、廚具、韓國烤肉盤、電烤盤、韓國石頭鍋、韓國玩偶、造型時鐘、韓國珠寶盒、工藝品、木雕等。不過服飾類產品只占一小部分，這點倒是要注意，想批服裝的就不用來首爾美了。

回到1樓是以釣具、玩具為主，2、3樓則是男裝、女裝、童裝、皮包、皮箱等為主，也有禮品批發，禮品的種類很多，從各種珠寶盒、陶瓷製品等都有，就看自己的眼光好不好了。

在3樓有幾家針織服裝檔口，他們的服裝和東大門檔口的展示方式一樣，都是與時尚雜誌同步的服裝，我去的時候都是跟檔口的老闆娘直接溝通，老闆娘人很好，他會拿著雜誌上的服裝和吊掛在牆上的服裝比對，這樣客人也比較容易知道哪些服裝是最新出款的。由於針織服裝吊掛在牆上，沒有穿在模

■首爾美的食品都是韓國進口

特兒身上那樣凹凸有致，一不小心就會錯過一件很漂亮的衣服，所以我建議要仔細點挑服裝，也要多跟檔口的銷售員談談，有時確實會因為多聊幾句而找到好貨，至於價格方面都是可以談的。

另外在海港大廈韓國商品城還有幾家很不錯的飾品檔口，老闆就是韓國人，在威海設廠，除了部分回銷韓國外，所有新設計、生產的飾品在威海檔口都有得批貨，所以不只是項鍊、髮飾，連手鐲都有，挺漂亮的，和首爾的飾品幾近同步。

這樣的飾品檔口在海港大廈韓國商品城這裡有好多家，韓國老闆常外出跑生意，所以不見得能遇到老闆，總是威海當地的銷售員在檔口，所以批貨問題直接跟銷售員談也可以。

威海重點產業之一：釣具產業

就我對威海的觀察發現，威海各個批發商場幾乎都有釣竿、釣具的檔口，而且真的不少，我覺得這是個很有趣的現象。

由於中國輕工業聯合會和中國文教體育用品協會在2012年授予威海「中國釣具之都」的稱號，因此威海可說是大陸最大的釣具用品生產基地，釣具產業集群被確定為威海「十二五」計畫的重點產業之一，整個威海有1,200多家釣具上下游廠商，年產量4,000萬支，全球市場占有率高達60%，早已形成

■威海漁具很多都是廠家直營

一個非常完整的產業鏈。來到世界第一大釣具生產城市，難怪幾乎遊客到威海，都會買釣具回去。

聽說原本河北、浙江、廣東都是威海爭取「中國釣具之都」頭銜的競爭對手，但主要是大多數的釣具產業都是以中小企業組成，技術和材料研發不容易做大，但威海市政府

給了企業很多政策協助，吸引產業鏈上下游來到威海設廠，也因為這樣，整個釣具產業鏈中的碳纖和玻璃纖維材料、漁竿成品、釣具配件、釣具製造、貿易進出口等業者都到了威海，聚集成一個完整的產業鏈。

威海的釣具品牌中，光威、環球、海明威、寶飛龍都是比較有名氣的品牌。對於批貨這件事來說，我也不能只是介紹服裝、飾品、小商品、鞋類這類比較大宗的產品，由於創業的項目非常多，因此我還是要介紹一下威海的重點產業：釣具。

如果想批釣具相關產品（不見得一定是拿回臺灣，也可以從威海批貨外銷到其他國家去），我會建議你去海港大廈或是威海老港韓國商品城（就在出威海旅遊碼頭的右手邊、約100公尺遠）這兩個批發商場。這兩個批發商場的1樓除了小商品之外，就以釣具為主要批發商品。釣具產業我不熟，因此我也不敢亂說，但我只能說，既然威海是中國釣具之都，應該不用太擔心找不到釣具相關的產品，這裡肯定可以挖到釣具的高級品。

其實我在國中時常常跟爸爸去釣魚，不管是溪釣、湖釣或海釣，我都有好幾年的經驗，其實還滿好玩的，只是現在年輕人對釣魚有興趣的不多，但高檔一點的釣具在臺灣還是有一定的市場（當然外銷市場可能更大），就看你要鎖定哪塊市場了。

威海老港韓國商品城

乍聽威海老港韓國商品城，第一直覺就是威海有老港，那是不是有新港呢？是的，威海確實有兩個港口。由於威海為了發展外向型經濟和臨海工業、旅遊業服務，光靠一個港口是不夠的，因此位於市中心的老港區以客運、滾裝運輸為主，南岸趙北嘴以西的新港區則以煤炭、礦建、木材等大宗散裝雜貨及國際貨櫃運輸為主；兩個港口各自負擔不同的任務，由此也可知，新港比較像是個工業港，老港則是商業港，這也是為何威海的批發商場都還是集中在老港的環翠區。

威海老港韓國商品城，聽名字感覺好像是老牌的批發商場，不過恰好相反，它是威海港口區的批發商場中較晚營業的一家，至少是3家批發商場中最後才開設的一家批發商

■威海老港韓國商品城外觀

場，不過也是在1995年就成立了，2005年又重新規劃裝潢。它在威勝韓國服裝批發城的斜對面，隔著海濱北路遙遙相望，順著海濱北路再往北走5分鐘就是海港大廈韓國商品城。

老港韓國商品城是棟4層樓的歐式建築，並沒有很大，由於地理位置的關係，它更像是給觀光客逛的商場，裡面的商品也比較多樣化，它也像是給沒打算到韓國去觀光的大陸旅客一個購買韓國商品的地方。

1樓的檔口以釣竿、各種小商品、玩具、禮品為主，我進去幾家檔口看了一下，覺得商品沒有特殊性，可以省下時間到2、3、4樓找貨。至於有大陸人説，老港韓國商品城的檔口很多都是東北人經營，這一點我倒是沒有任何評論，其實哪裡人經營好像不是重點，而能不能誠信做生意才是我比較關心的，談到這一點，我必須説老港韓國商品城的檔口可能做慣了觀光客的生意，所以會把價格拉高等著客人砍，所以如果讓我選擇的話，老港韓國商品城會是我最後才想去看的商場。

總結

平心而論，威海的批發商場絕沒有青島、瀋陽、佟二堡的商場來得大。由於北方到冬天氣溫比南方要低很多，冬天時在南方戶外行走並不是件難受的事，所以廣東的批發商場都是各自獨棟，不論是走路或搭車都可以到達另一個商場；但在長江以北，冬天有些地方是酷寒的，動不動就是零度以下，所以大家都盡可能避免在戶外走路，這時最好是走進一棟建物後就不用再出來走到另一棟建物去，我在美國明尼蘇達的雙子城明尼亞波利的市中心待過一小段時間，市中心所有的建物都有封閉的空中廊道相連，地下通道也將所有建築物都串連起來。

至於在長江以北的青島、瀋陽、桐二堡這些批發商場，他們的構想則是以一棟大建物將所有的商家都放進去，這樣就可免掉一堆交通上的麻煩。大概只有威海的批發商場比較像廣州、虎門，原因就是這裡原本就是繁華的商業區，不可能拆掉所有的舊建物打造一整棟新建物。

如果到青島批貨之餘，還有幾天的行程規劃，我建議可到離青島4小時車程的威海看看，相信能夠看到一些與青島、即墨不一樣的商品喔！

瀋陽服裝批發市場：五愛市場

猜猜看，從首爾國際機場飛到瀋陽桃仙國際機場要幾小時？3小時、2小時、1小時？都不用，只要半小時！再從桃仙國際機場到瀋陽市區也只要半小時，等於不到一個半小時就能從首爾到東北亞另一個最大的批發市場：瀋陽五愛市場。

現在的五愛市場所處的地方是瀋陽熱鬧路以南和風雨壇街以東一大塊地上，但早期的五愛市場是在瀋陽市瀋河區的五愛街，這也是五愛市場名字的由來。將近30年前，也就是1983年，20來個當地攤商在五愛街開始擺攤，這是現今五愛市場的濫觴，五愛街逐漸成為瀋陽的大市場，但露天市場的營運方式也妨礙了五愛市場朝現代化市場邁進。

1989年，位於熱鬧路和風雨壇街的五愛市場現址開始興建新市場，結束五愛市場以馬路為家的第一階段歷史，1990年，五愛市場的第一期工程完成，1991年底，第二期工程完工，隔年（1992年）1月開業營運，同年8月第三期擴建工程完工，隨著大架構的完成，瀋陽五愛市場總共有服裝、小商品、針織、零食、布料、寢具等六大類商發大樓。

當這個龐大的批發市集矗立在北方大地上，外國商客也發現了，紛紛前來朝聖，特別是俄羅斯、烏克蘭等前蘇聯國家，以及韓國商客紛紛來到五愛市場開檔口，或是進行交易，俄羅斯的商客甚至帶著自己國家的特色商品來到五愛市場，賣出後，再將資金拿來批貨，將批到的商品運回國去，五愛市場就是這樣一個充滿國際交易色彩的市場。

至於五愛市場究竟是個什麼樣的批發市場，這樣說好了，五愛市場就像是把廣州各區的批發市場統統集中在一個區裡面，這樣應該就比較容易理解了。廣州的服裝批發商場集中在站南路、站前路、站西路，飾品在海珠廣場及站前路底的西郊大廈，小商品則

■180度環繞的五愛市場

在老的藝景園和萬菱廣場，鞋類在火車站附近的環市西路、廣園西路上。在瀋陽，除了鞋類批發市場集中在南塔這個地區之外，服裝、小商品、箱包、寢具，還有很多特殊用途的商品都集中在五愛市場，來到五愛市場可省下舟車勞頓之苦。

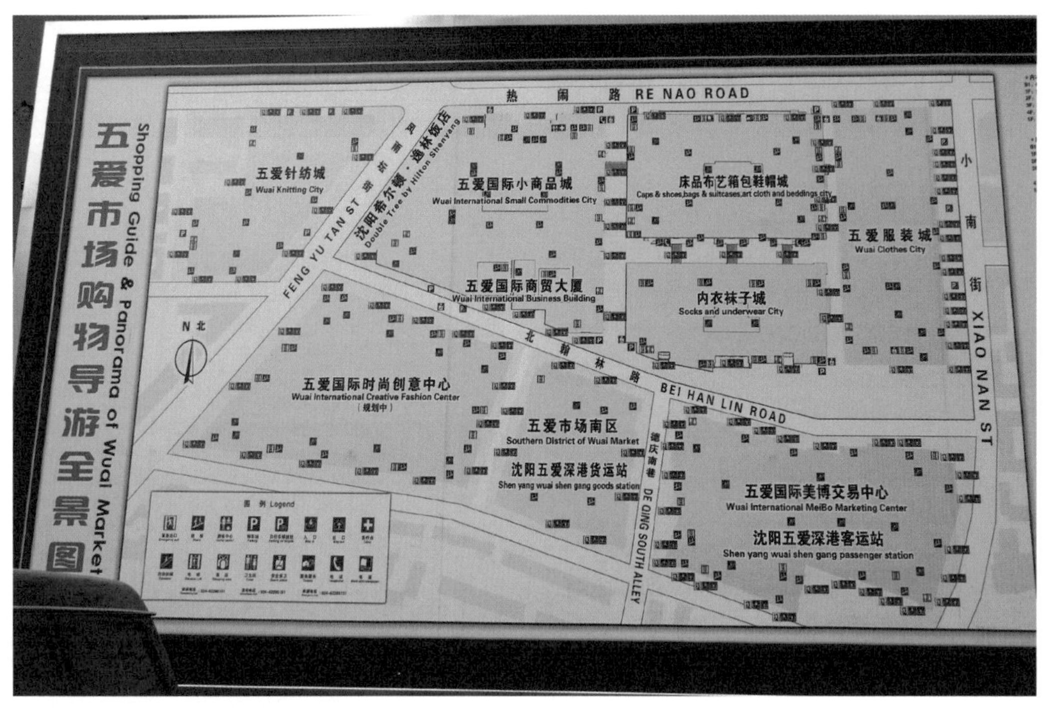

■這張圖說明五愛市場的規模

首先，我們先來看一下五愛市場的規劃。五愛市場可大致區分成幾個主題商場大樓，每棟主題商場大樓以哪些產品批發為主，我也一併整理如下：

1.五愛市場針紡城
1F：針紡、布料、服裝、泳裝、箱包、玩具
2F：服裝、褲子、毛線、婚慶用品
3F：床上用品（寢具）、窗簾布藝
4F：仿真花卉、工藝禮品、婚慶用品

2.五愛國際小商品城
1F：流行小百貨廣場
2F：時尚小百貨廣場
3F：精品小百貨廣場
4F：經典飾品廣場

3.床品布藝箱包鞋帽城
1F：鞋、帽
2F：鞋類、箱包、皮帶精品
3F：窗簾、布料、涼蓆、汽車飾品
4F：床上用品（寢具）
5F：美食廣場

4.五愛服裝城
B1F：童裝、孕婦裝、休閒褲、西褲、牛仔服
1F：運動休閒裝、中老年服裝、褲子、牛仔服、泳裝
2F：少女裝、針織服裝、運動休閒服、褲子、牛仔服、T恤、毛衫
3F：外貿休閒裝、男女時裝、婚紗禮服、睡衣、男士西裝、皮衣
4F：精品服裝、運動裝、休閒裝、高級西服、羽絨衣、皮衣、韓國服飾
5F：精品服裝、羊毛羊絨衫、高級時尚女裝、商務休閒男裝、時尚休閒運動裝、時尚牛仔裝、高級西服、皮衣皮草、羽絨衣

5.內衣襪子城
1F：內衣褲、背心、泳裝、短褲
2F：內衣褲、背心、泳裝、短褲
3F：襪子、文胸（胸罩）、背心、短褲
4F：床品精品廣場
5F：文化用品廣場

6.五愛市場南區
臨街檔口：化妝品、保養品、衛浴用品、飯店衛生用品
1F：小家電、鐘錶
2F：飾品廣場、婚紗攝影器材
3F：飾品廣場、婚紗器材
4F：花卉大全、禮品、慶典用品、攝影器材

7.五愛國際美博交易中心
日用百貨、化妝品、美容、美髮、美體及器械、汽車裝飾用品

8.五愛國際商貿大廈
16樓4A級商務辦公大樓（業者寫字樓）

9.小南街
模特兒衣架批發

由於瀋陽的鞋類批發市場集中在瀋陽市南塔區，所以我決定另外分出一單元來介紹鞋類批發市場；另外將五愛市場區分成服飾及小商品兩大批發族群。

因為我把產品類別合併分成兩大類，服飾類產品包括「針織品、男女服裝、泳裝、內衣、襪子、皮衣、羽絨衣、帽子、寢具、窗簾」等，小商品則包括「飾品、工藝禮品、婚慶用品、箱包、皮帶、文具、家庭裝飾、小家電、衛浴用品」等。

五愛市場服飾類批發商場

談起五愛市場的第一印象，跟青島即墨服裝批發市場一樣，都是一個會讓你迷路的特大號商場，因為就我印象從最西邊的五愛國際小商品城往東邊到床品布藝箱包鞋帽城，接著到旁邊的五愛服裝城，或是到內衣襪子城，每個樓層都有空中走道相通。如果你沒有特別注意你走在哪一棟大樓的話，不用半小時你就已經迷路了，而且很容易重複看過的大樓和檔口（因為我就是這樣），所以最好先看一下掛在五愛國際小商品城牆壁上的五愛市場全景圖，然後看看是要先從哪棟商場進去，而且有這張全景圖，會比較容易找到自己想批的產品在哪棟樓。

如果是與服飾或織品相關的商場，我們就得去看看五愛服裝城、五愛床品布藝箱包鞋帽城、五愛內衣襪子城及五愛市場針紡城這幾個商場，由於五愛市場針紡城隔著風雨壇街，沒有和五愛市場商場群連在一起，因此我最後再來介紹五愛市場針紡城。

大陸的批發商場大多是同樣的建築模式，建築的中間有天井，批發檔口則圍繞著天井，有時不只一層檔口，而是兩、三層檔口圍繞著天井，這樣的建築好處是有天然採光，節省照明電費，另外還可沿著天井周圍做斜坡道，方便運貨，虎門的富民服裝城是這樣的設計，五愛服裝城也很類似，唯一差別是斜坡道做在天井裡，成「之」字型，整個商場除了電梯之外，多數人都是靠天井邊的電扶梯上下移動，其實批貨時還是挺方便的。

五愛市場的建築除五愛服裝城外，其他都是混凝土主體、藍色的玻璃帷幕外觀，非常醒目，但五愛服裝城看起來是比較老式的咖啡色磁磚貼牆，看起來就比較陳舊老氣，營運單位在外牆上掛滿了紅、藍、綠的長布條，上面寫了滿滿的字，大概都是寫些「盛大開幕」、「祝賀第X屆服裝節圓滿成功」、「文明經商是和諧市場之魂」、「誠信經營是市場興旺之本」這類八股口號，我覺得這大概就是兩岸分隔半世紀後，各自累積出來的不同文化底蘊。

進到五愛服裝城後，中庭還是垂掛著各式口號布條；一進到檔口區，就會有來到廣州、虎門的感覺，那就是「人馬雜遝、摩肩擦踵」，也只有這樣的環境會讓人有「不趕快批貨，就會被搶光」的感覺，但確實在五愛服裝城批貨會有這樣的感覺，因為五愛服裝城的年平均營業額達到人民幣100億元，平均日人流量在20萬人上下，如果是大日子的話，甚至有暴衝到快30萬人的紀錄，當然如果像那樣的人潮，大概就是一般消費者

■五愛市場中庭一景

較多，而且2005年五愛服裝城還取得ISO 9001：2000的認證，也算很厲害了。

五愛服裝城

五愛服裝城雖然外觀看起來老舊，可別被它的外觀給唬了，它是棟地下2層，地上5層的建築，地下1樓以童裝、襯衫、牛仔服和褲子為主；1～3樓以時裝、針織、毛衫、運動服、睡衣、皮衣等檔口較多，4樓是精品廣場，5樓則是名牌廣場。從地下1樓～3樓的主體部分是以普通檔口為主，檔口數約5,000家，地下1樓～3樓的周邊部分則是精品檔口為主，加上4樓整層都是精品檔口，精品檔口數也將近1,000家，5樓則有200多家品牌商家，因此光是五愛服裝城就有超過6,000家，夠嚇人吧！

五愛服裝城的1樓看起來跟一般的批發商場很像，檔口不會太大，商家都盡量把商品放進來。不過2樓以上的樓層，就有一些檔口感覺像是2個檔口打通，檔口也多了些設計，看起來跟東大門的檔口設計很相似，柔和的燈光、活潑的道具應用（這些道具在五愛市場針紡城和五愛市場南區內都可買到），當然我也看到不少家檔口在櫥窗上寫著「直飛韓國」，只差沒有寫一些韓文在上面了。

現在大陸的批發檔口學得也很快，在檔口設計、服裝挑選上，都會參考國外的時尚雜誌，他們也知道「批發商場百貨化」這樣的趨勢，也會善用各種道具提升商品質感與價值，這一點反而是臺灣的業者要心存警惕，可別被追上來了。

保暖服裝是強項

五愛服裝城的服裝高、中、低檔都有，這也是來五愛服裝城一次能批到各種層次商品的好處，而且我覺得北方的服裝確實在保暖上做的比南方要多些創意。就以毛線外套來說，典型的毛線外套只有造型，但一點都不保暖，因為寒風會鑽進毛線縫隙，使得毛線外套一向是中看不中用的服裝；不過我在這裡看到的毛線外套還有一層毛內裡，外面看起來就跟一般毛線外套一樣，但肯定不透風，既好看又保暖，這樣的毛線外套在臺灣就比較少見，但這也是北方人為了過冬而發揮巧思的成果。

五愛服裝城每個樓層不低，大概有3.6公

尺像樓中樓的高度，很多檔口會把服裝掛出來外面，所以記得抬頭看一下，否則很容易就錯過也許你會感興趣的商品。

另外，五愛市場還有一個內衣襪子城，也許你會想，不過就是內衣、襪子，有必要搞個規模不小的批發商場嗎？這一點得説明一下，北方一年的天氣中，冬天大概占了超過一半，以臺灣的標準來看，北方真正夏天就集中在7、8月，5、6月氣溫舒適，9月天還好，晚上開始氣溫下降，到10月，氣溫就掉到15度以下，那時候臺灣還是穿短袖短褲的季節，所以10月分我在五愛服裝城就會看到當年最新的保暖衣褲開始上架，像這兩年很流行的豹紋緊身保暖褲，這裡早就可以找到了。

■上面是保暖衣，下面是保暖塑身褲

大尺碼服裝容易在渤海灣區批到貨

渤海灣區的批發商場和廣東的批發商場的差異之一，就是在渤海灣區的批發商場容易找到大尺碼的服裝，相信去廣東批貨過的人都知道，廣東的服裝尺碼會小一號，有時還真不容易找到大號一點的服裝；但可能是因為北方人「比較大隻」，所以在渤海灣區的批發商場不用擔心批不到大尺碼的服裝或鞋子。不過他們用以形容大尺碼的服裝用語可能我們不是很習慣，他們常寫「加肥加大」或是「大衫一族」這樣的字眼，其實就是形容大尺碼的服裝。

五愛內衣襪子城

以前我們在地理課本讀到「東北有三寶，人蔘、貂皮、烏拉草」，這個是上百年前東北的用語，貂皮是身上穿的，至於窮人買不起好靴子，冬天走在雪地裡，腳很快就會凍傷，所以就會把將烏拉草曬乾後塞進鞋子裡，這樣就能達到保暖效果，可想而知，不管是東北、俄羅斯、韓國，這幾個市場加起來有1、2億的消費人口，自然也需要冬季保暖內衣襪子，所以五愛城裡會有這樣一棟內衣襪子城也就不足為奇了。

其實臺灣冬天也很需要保暖內衣，不過臺灣人在冬天時常拿長袖棉質運動衣褲當內衣穿，不過臺灣房子沒有中央空調，大不了就是用電暖爐，不像大陸北方的房子都有中央供暖，平均室內溫度都在23度以上，所以冬天時，臺灣室內的溫度都在17、8度，反而比北方的室內要冷，因此我認為在臺灣，保暖內衣其實是有其利基市場的。

我在內衣襪子城中看到各式各樣的保暖內衣褲、保暖衣褲，臺灣很多女生的貼身衣服（不是內衣喔）都沒有保暖功能，但在五愛服裝城就能找到很多保暖的貼身外衣，穿起來很漂亮，很多人會以為渤海灣區批發商場的服裝、飾品等商品會土裡土氣，其實這樣

■瀋陽五愛市場裡也有賣這種貼身內衣的檔口

想就不對了，應該說在批發商場裡，各種樣式的服裝都有，有傳統保守的，有前衛的，有高雅的，有俗艷的，各種樣式都有，問題是你想挑哪種才是重點。

我在內衣襪子城1樓逛到一家叫「琴榮內衣」的檔口，這家檔口可看到許多男用保暖圓領衫，這些圓領衫外表看起來和一般圓領衫很類似，不過看一下內裡，就知道不同之處，它也和我剛剛提到的毛線外套一樣，都是為了保暖而多了些設計，而這家檔口的外側則吊掛了許多女用塑身保暖褲，我在檔口瞄了售貨員正在填寫的收據，其中一個前來批貨的客人就批了40件，不過這也只是小量，因為還有人批更多呢！

冬天時很多女性會因場合需要，必須穿比較時尚，又能保暖的服裝，臺灣的女裝很少能同時滿足這兩種要求，但在五愛服裝城或內衣襪子城一樣可以找到這種女裝。

從服飾搭配來看，絲巾可說是配角也可成為主角，我喜歡絲巾的多樣性，不管是領巾、繫腰，或是繫在皮包上，都有畫龍點睛之妙。在五愛服裝城的3樓或4樓，有一家「意寶龍圍巾生活館」的絲巾品牌，這家檔口的絲巾、圍巾非常多樣化，簡單或複雜的造型都有，夏冬兩季推出的絲巾產品也各異，檔口以黑白兩色造型，白牆上裝上掛勾，檔口內也都是一樣的設計，如果對絲巾、圍巾有興趣的話，可到這家檔口看看。

五愛市場針紡城可最後再逛

五愛市場針紡城是渤海灣區中最大的針織品批發商城，裡面有2,000家檔口。針織品集中在1、2樓，不過1樓還有箱包、玩具，2樓也有婚慶用品分占了一些檔口；4樓主要以床品精品檔口為主；5樓的文化用品廣場主要是批發辦公用品、文化用品。

就檔口數量來看，五愛市場針紡城並沒有五愛服裝城那麼多，但如果想要看針織衫的話，針織衫檔口都集中在1樓。

不過要提醒你，五愛市場針紡城是在風雨壇街的對面，所以在動線上比較遠一些，如果不是針對針織衫或服裝，而是想要批其他的小商品或藝品的話，我倒是建議可來3、4樓看看，會有些想不到的收穫，下一單元的〈瀋陽小商品批發商場〉中，我會再詳加介紹。

雖然說瀋陽五愛市場是從零售的街頭市場起家，逐漸演變成批發商場集團，不過遼寧省旅遊局了解五愛市場輻射的腹地極為廣大，已經是渤海灣區流通力最強，覆蓋性最大的綜合商貿物流集散地，為了做好、做大五愛市場這個品牌，於是將五愛市場申報中國國家旅遊等級評鑑，最後五愛市場得到了「國家4A級旅遊景區」的標章，由於有了這麼龐大的批發市場，自然會吸引許多專做零售的商家或是攤商來搶食旅客這塊大餅，所以在五愛服裝城東邊，也就是五愛市場外圍的小南路上，有一整排服裝店，這些店家基本上都以零售顧客較多，逛逛即可，如果批貨的話，建議還是以商圈內的這幾棟建物為主。

沈阳世界温泉部落
60亿人的梦想与传奇
20～26m²
美国郡
全电梯洋房/空中小别墅
6.8
/套起
中心供氧 中央呼叫
立体入户
交1万
温泉热线
024-8857448
WHWA 维华
K5
沈阳庞大龙华庆4S专营店
二楼蓝天
婚庆用品广场
FunTalk
皮鞋特卖场
诚邀加盟

■五愛市場針紡城外觀

想沾五愛市場光的五愛韓國城

在介紹五愛市場時有提到五愛市場就在熱鬧路（東西向）和風雨壇街（南北向）的十字路口；如果看地圖，我們會發現，這個十字路口的東南區塊就是五愛市場，西南區塊是五愛市場針紡城，東北區塊是漢庭、如家兩家連鎖酒店，唯獨西北區塊的那棟建築一開始並沒有任何明顯的地標，於是由浙商中旭集團子公司遼寧中屹置業投資發展有限公司決定投資興建現代化商業大樓，由韓國KDY株式會社及五福百貨共同經營，打造成中國首家正版韓國時尚批發商城。2009年5月，這棟現代化商業大樓掛起了「五愛韓國城」的招牌，有近百家品牌商在這裡落戶開張。

五愛韓國城希望以後起之秀之姿，想後來居上，搶攻東北亞第一家韓國時尚品牌商場的名號，促進中韓貿易發展，不過，我感覺五愛韓國城還是希望能搭順風車，透過五愛市場的光芒營造更高級的品牌形象；也就是說，五愛韓國城還是想沾光。

幾年下來，我覺得五愛韓國城的企圖並未實現，每次我去看五愛韓國城時，幾乎沒能看到人山人海的景況；因為五愛韓國城在經營上有一個挺大的問題，那就是動線，五愛韓國城的1樓並不是批發檔口，而是一般高級辦公大樓的門面，1樓大廳有保全，除了門口只有幾塊立牌表明「這裡確實是五愛韓國城！」之外，實在很難看出樓上有批發檔口，當然我只是舉出我觀察到的一點，相信還有很多導致五愛韓國城無法達到創辦願景的原因，但我只能說，除非你時間真的很多，否則五愛韓國城不用花時間去看。

瀋陽小商品批發市場

五愛市場的小商品種類非常多樣化，而且想像得到的各種商品都有，如果你是專做或想做小商品生意的話，這裡很值得來看看。

根據我在前面對小商品的分類，包括飾品、工藝禮品、婚慶用品、箱包、皮帶、文具、家庭裝飾、小家電、衛浴用品等，五愛市場的小商品保證不僅於此，但我盡量介紹我在五愛市場所看到的小商品。

五愛市場的小商品批發商場當然是以五愛國際小商品城為主力，另外床品布藝箱包鞋帽城、內衣襪子城5樓的文化用品廣場、五愛市場針紡城的2樓、4樓、五愛市場南區、五愛國際美博交易中心以及小南街，我都認為算是小商品的商圈（詳見右頁表格）。

五愛國際小商品城

其實整個五愛市場是歷經幾個階段才有今天的局面，在現有這一大塊土地上，第一期擴建工程是五愛內衣襪子毛線城、第二期擴建工程則是床品布藝箱包鞋帽城，五愛國際小商品城算是第三期工程，是2007年完工營運的現代化批發商場，整棟大樓非常新穎，設計上也是走典型的批發商場架構，即建築呈「口」字形，中間有中庭，所有檔口則圍繞著「口字形」的四邊，不過它的中庭非常大，在中庭辦小型演唱會肯定沒問題的，五愛國際小商品城是5層樓的建築。

為了避免大家進到五愛國際小商品城就轉昏了頭，我先說明一下五愛國際小商品城的層配置。五愛小商品城的檔口數多達2,100家，這麼多的檔口要怎麼逛呢？別擔心，我來解釋一下，這樣就會很清楚了。

1F 流行小百廣場：**日用百貨、運動器材、體育休閒用品、節慶（或婚慶）用品。**

2F 時尚小百廣場：**鐘錶、眼鏡、工藝品、小家電。**

3F 精品小百廣場：**工藝美術品、裝飾畫、花類、宗教用品。**

4F 經典飾品廣場：**全國最大的飾品銷售區。**

1.五愛市場針紡城

1F：針紡、布料、服裝、泳裝、箱包、玩具

2F：服裝、褲子、毛線、婚慶用品

3F：床上用品（寢具）、窗簾布藝

4F：仿真花卉、工藝禮品、婚慶用品

2.五愛國際小商品城

1F：流行小百貨廣場

2F：時尚小百貨廣場

3F：精品小百貨廣場

4F：經典飾品廣場

3.床品布藝箱包鞋帽城

1F：鞋、帽

2F：鞋類、箱包、皮帶精品

3F：窗簾、布料、涼蓆、汽車飾品

4F：床上用品（寢具）

5F：美食廣場

4.五愛服裝城

B1F：童裝、孕婦裝、休閒褲、西褲、牛仔服

1F：運動休閒裝、中老年服裝、褲子、牛仔服、泳裝

2F：少女裝、針織服裝、運動休閒服、褲子、牛仔服、T恤、毛衫

3F：外貿休閒裝、男女時裝、婚紗禮服、睡衣、男士西裝、皮衣

4F：精品服裝、運動裝、休閒裝、高級西服、羽絨衣、皮衣、韓國服飾

5F：精品服裝、羊毛羊絨衫、高級時尚女裝、商務休閒男裝、時尚休閒運動裝、時尚牛仔裝、高級西服、皮衣皮草、羽絨衣

5.內衣襪子城

1F：內衣褲、背心、泳裝、短褲

2F：內衣褲、背心、泳裝、短褲

3F：襪子、文胸（胸罩）、背心、短褲

4F：床品精品廣場

5F：文化用品廣場

6.五愛市場南區

臨街檔口：化妝品、保養品、衛浴用品、飯店衛生用品

1F：小家電、鐘錶

2F：飾品廣場、婚紗攝影器材

3F：飾品廣場、婚紗器材

4F：花卉大全、禮品、慶典用品、攝影器材

7.五愛國際美博交易中心

日用百貨、化妝品、美容、美髮、美體及器械、汽車裝飾用品

8.五愛國際商貿大廈

16樓4A級商務辦公大樓（業者寫字樓）

9.小南街

模特兒衣架批發

順帶提一下，當初在規劃五愛國際小商品城時有一件事情跟最近臺灣鬧得不可開交的都更案有點類似。任何都更案都會遇到原住戶在新建物中的分配與權益問題，大陸的批發商場不管是原地重建或異地新建，都會有原本的老商戶要安置在哪一樓層的問題，五愛國際小商品城對老商戶很好，因為把1、2樓的空間都留給原有的商戶；至於3樓則是精品屋，這裡有很多國內外品牌；4樓是飾品精品廣場，有上百家中國飾品協會的企業會員進駐4樓，所以如果要找飾品的話，可到3、4樓盡情挑選，當然，這裡的檔口都有最低批貨數量，否則只能以零售價購買，最低批貨數量不會特別多，跟廣州的批發商場相似。另外，根據營運中心的資料，過去批發商場很多都是批發商進駐，不過五愛市場現在有越來越多工廠也進駐商場，這將能帶動商品的替換速度。

小商品也可看到商機

在1、2樓的檔口很多，我先看到的是一家賣各種公主風婚慶商品的檔口，這家檔口賣各種掛在小女生臥室的裝飾品或壁掛式收納袋，整個檔口被這些商品裝點得非常可愛，牆上還掛著一些心形裝飾，中間放著可愛的泰迪熊新郎和新娘，產品非常有趣，但記得這些商品是可以殺價的，別以為上頭的標價就是批貨價，很多都是零售價格，所以千萬記得要殺價喔。

再往旁邊走有一家飾品店，這家飾品店就像廣州站前路西郊大廈的檔口一樣，這家檔口什麼樣的飾品都有，耳環、項鍊、墜子、髮夾自不在話下，還有一種串珠吊帶，其實就是女生胸罩吊帶，這種裝飾吊帶在小商品城的一些檔口都有賣，不難找的。

另外，這家店還有賣大型的胸飾，就是有些表演場合穿戴，或是女生穿低胸V領衣時，可扣在頸後，用以裝飾胸前的胸飾，這種產

品在臺灣比較少見，不過我上回在臺北市復興北路的一家飾品店看到，價格可不便宜，開價就要5千元，如果能在五愛國際小商品城找到品質、做工都好的胸飾，就可賣個好價錢。

■這家是專賣各種飾品的檔口

髮飾專賣店可挖到寶

由於1、2樓都是原本的老商戶，這些老商戶有些是自己去找工廠批商品，也有些商戶開始打自己的品牌。我在這裡要提一下，大陸批發商場中有些專賣店真的是專賣，也就是檔口裡真的只有賣一樣商品，像有一家專賣髮飾的檔口，因大陸女生特別愛髮夾、髮飾，這樣的檔口裡全部都是髮夾、髮飾、髮箍等，而且各種材質、造型都有，除了絲織布、塑膠外，也有細緻的琺瑯雕飾等。

臺灣的小商品創業者較少開這種專賣店（較有名氣的大概就是襪子專賣店「薩克斯」了），除貨源問題外，市場對這種專賣店的接受度也是問題，但在大陸，創業者有一句至理名言「如果你能做到最專，你就有機會做到最大！」這是兩岸不同市場體質與規模所形成的經營模式差異，但對我們來說，在這樣一家專賣店，你就能找到單一產品中各種檔次的產品。

另外，在1、2樓也能看到很多項鍊、手環、耳環等飾品的檔口，不過這些老商戶的產品在包裝上比較沒有那麼高檔，再加上檔口沒有什麼設計，所以要挑到造型佳、風格獨特、做工精緻的飾品就得花力氣去找。

到了3樓，就是品牌飾品的大本營，像新光飾品、紅珊瑚飾品等在廣州西郊大廈也有分店的飾品品牌，在五愛國際小商品城也都有分店，這些在中國算是知名品牌的飾品，品質比較不是問題，各種品項的飾品都有，這一點倒是不用太擔心。

有一家首爾飾品則可以多逛逛，它的店

面不小，跟新光飾品、紅珊瑚飾品的店面一樣，都50坪以上（一般檔口的面積在2～5坪之間），它入門左邊有一個圓形立櫃，裡面擺著一些圓圓的、長得像粉餅盒的東西，這在威海海港大廈韓國城的首爾美也有看到；此外，各種項鍊、手環、吊墜、髮飾等飾品，都比較偏韓國風。這家的飾品幾乎都在大陸生產然後外銷韓國，只是擺設上比較簡單，但這不影響這些飾品的品質。

10元專批和小家電商品

接著來看一下2樓的鐘錶、眼鏡、工藝品、小家電。這裡的鐘錶等於是站西路的鐘錶城區，當然規模不可能比站西路來得多，但還是有不少手錶檔口。

除此之外，這裡也有「10元專批」的檔口，所謂「10元專批」就是檔口內的大多數產品都可用人民幣10元批到；其中有一家叫「怡嘉」，就是這種「10元專批」的檔口，當然這類人民幣10元就能批到貨的檔口，裡面的商品值不值得挑，真的要看每個人的需求，有時可能會挑到物超所值的商品，當然也有可能找了半天還是失望離開。

另外在小家電這類商品，倒是有不少新鮮貨是臺灣少見的，其中有一個產品我在此要特別介紹一下，那就是熱水壺。

周杰倫的〈青花瓷〉詞曲優美，專輯銷售火紅，其影響力之大，甚至連2008年北京奧

■各種造型或設計的小家電

運和2010年上海世博都有青花瓷的身影，例如貴賓引導人員的服裝就是以青花瓷為設計基礎；不過大陸民間也從〈青花瓷〉這首暢銷歌中發展出各種衍生商品，我在五愛國際小商品城中小家電檔口的玻璃櫥窗中看到一個設計得很漂亮的熱水壺，這種熱水壺不是臺灣每個家庭都會有的那種筒狀保溫瓶，而是可煮水但不能保溫的那種電熱水壺。

一般的電熱水壺不是塑膠就是不鏽鋼壺身，看起來沒有特別之處，也談不上能賣到好價錢，但在這裡我看到了青花瓷電熱水壺，整個壺身以白色為底，壺身則繪出明清官窯瓷器的花紋，研發的廠商還設計了一組同樣花紋的茶杯，把一個原本很簡單的電熱水壺，搖身一變成饒富中國色彩的茶具組，甚至擺在任何一個四合院的房子裡，都會是和環境很協調的小家電，這樣的產品我反而在臺灣沒看到，坦白說這一點讓我很驚訝。

周董的〈青花瓷〉這首歌在大陸掀起的浪潮遠比在臺灣來得大，從電熱水壺、鍋具都善用了這項元素，甚至還催化了大陸各產業回頭看老祖宗留下來的文化遺產，我覺得他們追得很快，臺灣領先幅度已越來越小了。

小家電商品裡還有一塊也是臺灣創業者可多注意的，那就是個人化小家電。有些小家電還是以一個四口之家為設計基礎，像電鍋、洗衣機等，不過臺灣晚婚化與不婚化已經是非常明顯的趨勢，這時候單身小家電就

■瀋陽五愛小商品城2樓的青花瓷熱水壺

有其潛在市場，在五愛國際小商品城可以看到不少設計得很漂亮的單身小家電，有興趣的創業者可到這裡尋寶。

除此之外，我在廣州看到的瓷器檔口有不少是幫歐美廠牌代工的，這裡就有幾家景德鎮的瓷器廠來開檔口。從他們的瓷器風格確實可發現兩岸的瓷器發展多少有些差異，北臺灣的瓷器重鎮鶯歌雖然沒落過一陣子，近幾年則有點復甦，瓷器在創意上比較融合現代與各國文化，比較活潑，大陸的瓷器則偏穩重，不過有些瓷器的瓶身設計也取材歐洲簡約線條的設計，腰身加上中國風的花紋，看起來非常典雅，不過確實看不太到臺灣常見的釉變燒技法，所以，如果想走家飾市場的話，也可以來這裡找找看。

至於廣州萬菱廣場的西方家飾檔口，在這裡也看得到，通常只要看到檔口的門口擺著一尊真人大小的鐵甲武士，通常就是專門生產歐美家飾或飯店裝飾用的工藝品店，裡面當然也有歐洲古帆船模型這類的產品。另外有些檔口寫著「時尚花藝」，不過我看了他們的產品，我覺得除各種造型雅緻的花瓶之外，還有很多可供布置用的各種畫框等產品，因為產品實在太多，我只能盡可能把一些讓我印象較深刻的產品介紹給大家。

像保溫杯這種越來越受到消費者喜愛的產品在五愛國際小商品城也可以找到。而這裡的保溫瓶比較多樣化，不過還是要多用心找才能找到品質好的保溫瓶，我記得在小商品城有好幾家檔口都有賣保溫瓶，而且整面牆都是保溫瓶，夠你挑的了，但最好多看看、多問問，才有機會找到好的保溫瓶。

■各種可愛的隨身保溫瓶

特色商品居家避邪

我在這裡看到一樣有趣的商品，那就是可當居家避邪擋煞的斧頭。「斧」與「福」諧音，有招福納吉的涵義，跟臺灣老一輩說家裡屋簷如果有蝙蝠是不能趕走的道理一樣，因為蝙蝠也是有「福」的諧音。

斧頭也有象徵「大刀闊斧、勇往直前」的寓意，玉斧還有斬妖除魔的意思，很多人拿來當隨身配戴的護身符，大的斧頭則可以掛在家中；如果斧頭上雕龍，則象徵「府上有龍」，家中人才輩出；如果斧頭上雕狗，或是雕古錢幣兩三枚，則象徵「府上有財」，財運亨通，狗代表旺財，因為臺灣也說「狗來富」嘛！

當然在這裡看到的斧頭裝飾品，有大有小，小的比手掌大些，大的就是真正的斧頭大小，有的有「福」字浮雕，也有雕關公的，還有木頭斧頭上雕「鎮宅」，這些跟風水有點關係的家庭裝飾品，我在臺灣很少看到，所以挺新鮮的，如果引進的話，配合風水的包裝，應該有不錯的效果。

■斧與「福」同音，加上有闢邪驅摩之意，在大陸是風水商品

另外，小商品城也有一些檔口批發時鐘，有的時鐘非常有趣，還有設計感不錯的造型時鐘；更有趣的是，他們居然還把花瓶造型的檯燈跟骨董電話結合在一起，因為兩者同時都有做搭配上的設計，所以看起來一點都不奇怪，反而還挺好看的，這些都是很有特色的商品。

除此之外，還有智慧型手機的周邊產品，像是手機用擴音器等，這些產品臺灣也都有，而且大多數是大陸製造的；但也由於臺灣網購市場上這類產品很多，所以在這裡除了仔細挑品質造型好的商品之外，另外像電鍍的品質、組裝的密合度，按鍵的舒適性等都是看貨的重點。

這裡還有很多手機配件，像是手機套、果凍套等，智慧型手機型號很多。所以大多數做這些手機套的，還是以iPhone系列手機為主。至於像彩妝箱或這類的行李箱，我在臺灣也看到越來越多人提著這種像彩妝箱的行李箱，看起來挺獨特的，比一般的行李箱要吸睛。

■小商品城商品琳瑯滿目

五愛市場針紡城

在床品布藝箱包鞋帽城除了行李箱之外，也有皮包、小皮件（像皮手套、皮帶、皮夾等）、鞋子等商品，當然，數量不會比佟二堡海寧皮革城多，因此如果有空就看一下，但如果不打算到佟二堡的話（我是非常不建議這樣的，因為既然來了，不跑這一趟挺可惜的），那這裡一定得多逛一下。

我在床品布藝箱包鞋帽城還看到我不太會形容，姑且說像是紙黏土材質做成的小雕塑，就像繪本上的主角變成立體的，都是很可愛的造型，這種檔口滿值得去挖寶的，因為我看到幾家檔口都是3、40坪大，裡面架上放滿這種商品，太可愛了。

另外，這裡的婚慶用品應該不能只用「用品」兩個字來形容，根本就是一條完整的產業鏈都在五愛市場，特別是在五愛市場針紡城的2樓，這裡幾乎是婚慶產業所有環節需要的商品或設備都有，從最簡單的喜帖、貴賓簽名簿到花門、LED舞臺、舞臺燈等大型設備都有。能夠搞到這麼大規模，真是不簡單，所以不管是節慶或婚慶相關的用品這裡都找得到。

至於五愛市場針紡城的4樓也是我很喜歡去挖寶的地方，這裡有很多家居飾品檔口的小商品跟東大門看到的幾無差異，特別是那種濃濃鄉村風的家飾商品讓人愛不釋手，我覺得鄉村風家飾品還有很長的一段路可走，

■五愛市場針紡城2樓的婚慶商品批發區

如果想挑這類商品的話，記得一定要到五愛市場針紡城的4樓看看。

五愛市場針紡城3樓和床品布藝箱包鞋帽城的3樓都是各種布藝、窗簾的批發檔口，這裡除了一般的窗簾、窗紗之外，也有很高檔的窗簾、窗紗。我記得臺北總統府對面的臺北賓館，裡面的窗簾可說是金碧輝煌、做工精細，我在這裡也有看到跟臺北賓館內部很像的高級窗簾。

我覺得現在大陸的製造成本不斷提高，如果想到大陸批貨，不管是廣東或渤海灣區，一定要先想清楚自己的事業定位；要來批貨，就要批有特色或高毛利的產品，否則大老遠跑一趟，也是很辛苦。

■五愛市場針紡城3樓有各種布料與窗簾檔口

■五愛市場南區的洗浴用品、化妝品、美甲品檔口

五愛市場南區

五愛小商品城、床品布藝箱包鞋帽城和五愛服裝城三棟商場相連面對熱鬧路，後方是貨運廣場，隔著貨運廣場和這三棟商場相對的就是五愛市場南區。

五愛市場南區是棟4層樓的長形建築，它臨廣場的檔口主要是以化妝品、保養品、衛浴用品、飯店衛生用品的批發為主；1樓是批發小家電、鐘錶；2、3樓做的是飾品和婚紗商品；4樓是節慶用品、裝飾花卉產品。其實它跟五愛市場針紡城的樓層配置有點像。

看著五愛市場南區，你會覺得很難得能看到這樣的批發市場，一整條路的檔口都是批發衛生相關的產品，主因是大陸的旅館、三溫暖（大陸叫「桑拿」）、足浴產業非常龐大，如果去過大陸的人都會對一些城市的鬧區裡足浴店林立感到驚訝；我在深圳考察時，朋友也曾帶我去一家足浴按摩店，他們是一個月都會去一、兩次，甚至還有會員卡，不過很難想像在深圳東門那麼多大樓裡，這家足浴按摩店就位於某一棟大樓的6樓，一點都看不出來，電梯抵達6樓時，迎面而來的是滿滿的人群在做足浴，生意好到爆，這大概是臺灣人很難想像的場景，可見大陸市場大，各種產業都有成為群聚的機會，這也是在五愛市場南區能將個人衛浴相關產品的業者集合起來，形成批發市場的原因。

總之，五愛市場的小商品商場非常大，產品也多，一、兩天要逛完是不太可能的，所以我建議先找跟自己生意相關的商場，看完之後，再去看其他的商場和檔口。不過依據我的經驗，一定要記得把看過的商場、樓層登記下來，才不會到最後搞不清楚自己是否去過而浪費時間。

瀋陽鞋類批發市場

從風雨壇路的公車站牌搭上224路或523路公車，不到半小時就可以到達位於南塔的鞋類批發市場。

第一次去南塔，一下車後看到好大一棟的瀋陽國際鞋城，還以為這是南塔唯一的鞋類批發商場，其實出了鞋城往旁邊走，旁邊還有比瀋陽國際鞋城還要大好幾倍的鞋類批發商圈，其包括中國鞋城、金馬鞋城、兒童大世界、步陽國際鞋業廣場鑫牛鞋城、大天馬鞋城、恒泰鞋城等鞋類批發商場，是個比廣州站南路商圈還要大的鞋類批發集散地。

因為公車站牌就在瀋陽國際鞋城正前方的文化路上，所以通常也都是從瀋陽國際鞋城開始批貨。如果從馬路的對面看瀋陽國際鞋城，就會發現它是由兩棟大樓所組成，低樓層則是相連的；這棟國際鞋城也是南塔鞋類批發商圈最新的商場及地標，它是2007年由港商七好集團子公司瀋陽七好地產開發公司所興建，2009年啟用開業，所以算是很年輕的商場，但經營面積卻不小，低樓層的1～6樓都是品牌檔口，總共有1,300多個鞋類品牌聚集在此，8～17樓則是品牌總部的辦公室。

■遠眺瀋陽國際鞋城

瀋陽國際鞋城整個大樓非常氣派，因為瀋陽國際鞋城是瀋陽市政府南下招商的重點項目，所以市政府也確實加大力道在協助瀋陽國際鞋城的經營，像是舉辦「春季批發節」、「秋冬鞋品博覽會」、「國際鞋城週年慶」、「我最喜歡的童鞋品牌」等活動。北方不管是服裝、鞋子，產品換季都非常明顯，而且他們也把各種行銷手法帶進批發商場，讓批發商場變得更活潑。

附帶一提，就是瀋陽國際鞋城在開幕時導入現在批發市場的新趨勢「批零分時」概念（也就是上午批發，下午零售），主要是希望能夠在導入一般消費大眾，又不會流失批貨的商家，我想這是因為北方商家的批發時間都以早上為主，而且這樣透過時間區隔客層的方式挺好的，否則混在一起，對雙方都不公平。

瀋陽國際鞋城集合眾家品牌

瀋陽國際鞋城和廣州鞋城的不同之處，在於它毫不避諱地將大陸主要的產鞋都市的知名廠商集中在一起，例如廣州的鞋商、溫州的鞋商等，其實這種作法確實打破了一般人的觀念，因為它是後起之秀，如果還是依照傳統的鞋類批發商場的方式經營，就很難闖出自己的名號，而這種集合全中國各區之主要鞋類品牌的目的，就是要將自己打造成最

瀋陽國際鞋城的樓層配置

- **1F　流行時尚溫州女鞋：**包括巨鴻、艾曼連、皇妹、珂卡夫、戈美琪、大東、皇妹等300多個女鞋品牌。
- **2F　流行時尚成都女鞋：**包括芬迪、伊依色彩、格林菲爾、俏麗兒、嘉儷多、思斯等200多個女鞋品牌。
- **3F　經典時尚溫州男女鞋：**包括意爾康、傑豪、聖帝羅蘭、蜘蛛王、景發、保羅蓋帝等150多個中高檔次品牌。
- **4F　經典時尚廣州男女鞋：**包括沙馳、金利來、卡帝樂鱷魚、萊斯佩斯、華倫天奴、咖啡女人等100多個國際高端品牌。
- **5F　童鞋廣場四季童鞋：**包括永高人、乖乖狗、匠臣、阿福、百變米奇等500多個童鞋、童裝品牌。
- **6F　運動廣場運動戶外系列：**包括意爾康運動、沃步、木林森、Q-Sport等100多個運動戶外品牌。
- **7F　美食廣場、會展及商務休閒中心**
- **8～17F　高檔商務寫字間：**有MDA、美國蘋果、美國駱駝、咖啡女人、其樂大帝等一線鞋業品牌公司。

高檔品牌的一站式批貨中心。

南塔早在30年前就開始逐漸形成鞋類批發市場，也是東北主要的鞋類批發集散地，瀋陽市政府希望借力使力，進一步提升南塔的鞋類市場地位，成為渤海灣區鞋類批發的航空母艦，也希望能藉此發揮東北深厚的工業基礎，打造瀋陽成為繼浙江溫州、廣東東莞、福建晉江、四川成都之後，成為中國第五個鞋都。

在此跟大家介紹一下何謂中國鞋都，其實中國鞋都的意思是指大陸幾個以皮鞋生產製造為主要產業的城市，其中以浙江溫州、廣東東莞、福建晉江為主的三個城市，當然也有人把四川成都放進來，有人說成都不算，大家各說各話，不過至少溫州、東莞、晉江這三個城市說是中國鞋都，應該不會有人有意見的。

這幾個鞋都中，溫州以女鞋為主，廣東東莞生產高檔皮鞋，晉江主力在生產運動鞋，成都則生產女鞋，所以我們看到瀋陽國際鞋城的1～4樓涵蓋了溫州、廣州、成都三個時尚男女鞋生產基地的品牌，像1樓是溫州女鞋（這是溫州鞋業的專長），2樓是成都女鞋，3樓是溫州男女鞋，4樓是廣州男女鞋，6樓則是運動鞋（我猜是以晉江的品牌為主），最後想批童鞋的就到5樓，等於把目前大陸主要

■瀋陽國際鞋城的童鞋檔次都不錯

鞋業生產基地的品牌產品都集中到同一棟批貨商場內。

瀋陽國際鞋城的樓層設計跟百貨公司很像，其實也很像佟二堡的海寧皮革城；每個檔口都是大片落地玻璃隔開，讓批貨者或消費者能很容易看到所有商品。由於鞋類的競爭非常激烈，像我在廣州火車站附近的鞋類批發商場看到不少檔口在新款商品推出時，都用布蓋著，不讓同業前來「刺探軍情」，這裡也是一樣（雖然沒有那麼多檔口用布蓋著商品架），不過檔口還是可以進去看的，這一點不用擔心。

進駐瀋陽國際鞋城的鞋業品牌除了大陸知名的品牌外，其他的也是那一省的大品牌，所以我覺得可以在這裡盡量看各種新上市的鞋款，而且還能比較大陸三大鞋都的設計風格、材質、做工、品質有何差別；我覺得瀋陽國際鞋城的經營策略對批貨的商家來說也提供了極大的便利性。

除了1～4樓的男、女鞋之外，5樓的童鞋也很值得一看。我在5樓童鞋區看到好多很不錯的童鞋品牌，而且我不知道大陸業者在取得國際商標授權時是怎樣談的，但我覺得他們很能善用品牌授權（當然他們也很靈活地將許多大人鞋款做縮小版給小朋友），像我在5樓看到史努比的童鞋，鞋款真的是多樣化；還有給小女生穿的羅馬鞋、涼鞋，其涼鞋造型典雅，配上百褶裙、連身裙會顯得很高雅。這些都是我在臺灣較少見到的童鞋款式，我很建議到瀋陽國際鞋城時，一定要去5樓的童鞋區看看（如果你自己剛好經營童鞋生意就更好了）。

中國鞋城

面對瀋陽國際鞋城的左手邊，大約走2分鐘就可以看到一個大廣場，裡頭總是停滿了卡車、貨櫃車以及大大小小的箱子，只要抬頭就可看到廣場入口處上方的四個大字「中國鞋城」。

中國鞋城應該是瀋陽南塔皮革、鞋類商業區中最資深的批發商場；它位在瀋陽文化東路和天壇一街的交叉口，在1989年成立，一開始是叫「南塔鞋市」，後來更名為「瀋陽

鞋市」，最後又更名為「中國鞋城」。

中國鞋城占地很廣，連同上下貨的廣場及建築本體共約12,000坪，建築總營業面積達到23,500坪；它和瀋陽國際鞋城不同之處，在於它的建築較矮也較老舊，共有3,000個高中低檔次的檔口，足以滿足不同需要的客層，這裡確實每天都能吸引3、4萬人來此批貨，可說是頗大的鞋類批發商場。

中國鞋城的格局比較接近傳統的批發商場，特別是走進大門後，廣場上的堆了滿滿的紙箱，貨櫃車、卡車可說是把廣場都停滿了，我走進去時還得一直找路，才能慢慢走到商場內。

即使到了商場內，走道上依舊推滿一個個紙箱，而每個檔口的貨架上都是滿滿的商品，中

■中國鞋城的入口

■又多又可愛的保暖拖鞋

國鞋城的檔口裡高、中、低檔的鞋子都有，而且有不少檔口是囊括各種類的鞋子，像休閒鞋、運動鞋、保暖鞋、登山鞋等；我看到很多鞋子雖然不是真皮的材質，但製作的精緻度是不錯的。

這裡我要特別提到近兩年臺灣進口商進口的帶毛保暖鞋，只要了解這種從澳洲進口的保暖鞋內情的人就知道，這種澳洲進口保暖鞋其實是澳洲人在室內穿的，拿到戶外穿可能會有滑倒的疑慮，而臺灣商家把它包裝成戶外保暖鞋。在中國鞋城的檔口也看得到這種室內用保暖鞋，但我看到更多的是真正戶外用的保暖鞋，這種戶外用保暖鞋的鞋底紋路較深，有些還有防水皮面，有中筒也有高統保暖鞋。在這裡可得花時間多看看，應該可批到不錯的保暖鞋，畢竟北方一年有好幾個月都在零度以下，保暖鞋的製作功力肯定不差。

中國鞋城也和其他批發商場一樣，早上是廠商批貨的時間，商家也大多集中在早上去批貨（下午還想抓時間做生意呢），早上總是比下午熱鬧，不過也不是說下午就不能批貨，只是批貨的商客不多時，檔口老闆就有時間跟你慢慢殺價，而我們沒有太多時間跟一家檔口耗，所以能早上去就請早喔。

■金馬鞋城外觀

金馬鞋城

金馬鞋城位在中國鞋城的旁邊，通常逛完中國鞋城後，再往旁邊走，就可看到大大的「金馬鞋城」招牌，金馬鞋城的建築外牆漆成有點橙又有點土黃的顏色，醒目但不夠好看，而且還有一匹金色的飛馬雕塑掛在外牆上。我看了一下，只要有金馬鞋城的招牌就有金色飛馬，所以你絕不會錯過的，而金馬鞋城的對面則是潤達鞋城。

金馬鞋城的檔口鞋子種類不少，而且檔口數也多，他們大多是工廠自己設櫃，或是品牌檔口。我在男女鞋檔口花很多時間看貨，其中有一家休閒鞋的檔口，我覺得它的休閒鞋其實都滿能在正式場合穿；也就是說它們一樣也是做氣墊鞋之類的產品，但比臺灣幾個品牌的氣墊鞋要感覺正式些，我最不喜歡的就是穿全套西裝時，氣墊鞋搭配不起來，看起來不夠正式，但在這裡我就看到一些休閒鞋做得很有型，我自己都買了幾雙鞋回來自用。

還有，大陸的鞋類檔口為了標榜自己的產品用的是真皮，所以會看到檔口前掛著橫幅告示，上面寫著「不是真皮，以一罰百」，其實真皮用在鞋子上的比例很高，反而是皮包、外套這類的產品比較常用到合成皮（大陸說是「PU皮」），除此之外另一種現在更常被採用的材質就是防水透氣布料，所以這也是為何他們喜歡標榜自己的產品一定是真皮的。

在金馬鞋城，我看到好多檔口拉起半透明的細窗簾，你還是可以看到檔口內有產品，有銷售員，但就是看不清楚產品的細節，這真的有點諜對諜的味道，其實這表示這家檔口有新貨到了，等著商家來批貨，細窗簾是為了防止同業的抄襲，不過我知道有大陸鞋業的設計師，就戴著微型攝影機進去檔口，看看同業今年新一季的最新作品，不過當然也有人被識破，而被人轟出來。

我在另一家檔口看到幾雙很漂亮的短靴，這些短靴帶了點牛仔靴的扣環、皮帶，靴子的中央還車上一條布飾，上面釘了大小水鑽，真是好看，而且長短適中，女孩子穿起來整個型都出來了，而且批貨價格也還好；另外還有一些女鞋，同樣也鑲水鑽，是鑲在鞋頭上，同樣也令人眼睛為之一亮。

北方產品的春夏、秋冬換季很明顯，所以每年的4、5月和9、10月都是打算批貨的商家不可錯過的旺季，我每次去都能看到最新的商品，真的很值回票價，而且現在大陸的產品在設計感與品質上也越來越進步。但要記得，自己一定要有足夠的商品知識，像是現在很多鞋子的鞋底都用環保材質，但這種環保材質的鞋底其實很不耐用，如果不懂的話，消費者買回去後，穿沒多久鞋底可能就裂了，你到時候被投訴，就得不償失了。

步陽國際鞋業廣場

步陽國際鞋業廣場位在中國鞋城的右前方，隔著文化路遙遙相望，是2011年竣工並開始營運的鞋業批發商場，它的檔口營業面積約有18,000坪。瀋陽國際鞋城、中國鞋城、金馬鞋城、潤達鞋城等較為聚集，而步陽國際鞋業廣場距離它們大約100多公尺，

■步陽國際鞋業廣場外觀

比較容易被忽略，但步陽國際鞋業廣場比瀋陽國際鞋城還要新，新的商場在硬體規劃及軟體服務上會比較接近年輕一代廠商，只能說檔口的設計規劃相當高檔，他們都是品牌業者，他們檔口可不像傳統檔口塞滿商品，而是像一個高級品牌的展示間，如果你能在此批貨應該是很舒服的事。步陽國際鞋業廣場有不少大品牌，所以4～5月或9～10月有很多品牌舉辦訂貨會，雖然我們不能進去看貨，但這段時間也會是新產品洩漏出來的時間，也能看到熱鬧的行銷或促銷活動。

訂貨會

我每次去的時候剛好是一年兩次重要的訂貨會的期間，這是各產業中非常重要的活動。訂貨會在大陸這樣幅員廣闊的地方特別盛行，因為時間就是金錢，能夠讓新產品在最短的時間內在各省市商店上市是最重要的工作，訂貨會的目的之一是為了紓解品牌業務人力不足的困難，但更重要的任務是透過新產品的展示得知商家對新產品的反應，並透過下單量安排全年的生產銷售計畫，這些都是讓品牌業者能夠提早預測下半年的業績和工廠的生產能量。

品牌廠商會將新產品樣品在訂貨會展示出來，現場接受邀請來的商家的評核，商家如果喜歡也會現場下單，這些商家有不少是市級或省級的經銷商或代理商，所以他們下單的量也很可觀，有品牌廠商在一次的訂貨會中就收到總計30萬雙鞋訂單。

通常每年的春夏訂貨會都安排在前一年的9～10月，秋冬訂貨會則會安排在當年的4～5月，有些大品牌一年甚至會有4場訂貨會；以溫州有一家叫蜘蛛王的鞋業品牌為例，它一次訂貨會中就擺了上千款新款鞋供代理商挑選、詢價、下單，如果有機會在這兩個季節去瀋陽的話，相信能得到不少新產品的資訊。

佟二堡皮件批發市場

大多數的批發商場都是在城市內，南方廣東的批發商場是如此，不過也有些城市的批發商場並不在大城市的市區裡，圖的是交通便利，不過也有些批發商場在市郊或大城市旁的衛星城市，通常是因為當地發展的歷史因素，像佟二堡就是這樣的例子。

在介紹佟二堡皮革批發市場之前，得先要正名，佟二堡這個地名當地人不這麼唸，而是要唸成佟二「普」，否則你問當地人怎樣搭車到佟二「堡」，可能會得不到答案。

只要不是當地人，大概都會對海寧皮革城選在佟二堡落腳感到奇怪，其實相傳唐朝貞觀年間，唐太宗封薛仁貴為大將軍，將入侵現今東北地區的高句麗打退，當時就在現今的遼陽大敗由蘇蓋文將軍統帥的高句麗部隊，蘇蓋文敗戰時，將搜刮來的金銀財寶埋藏在距離遼陽城40里的一塊土地上，這塊土地就是現在的佟二堡；後來陸續有移民前來佟二堡定居，說是想來挖掘寶藏；不過佟二堡這個鎮直到1980年代改革開放後才開始大轉型，當地人引進運動服、羽絨服等產業，後來又提升到皮衣、皮裘的生產，最後逐漸形成皮衣及裘皮兩大重點產業，現在的佟二堡已經是中國三大皮革生產基地（浙江海寧、遼寧佟二堡、河北辛集）之一；自1992年開始，佟二堡被規劃為經濟特區，1996年又被列為中國綜合體制改革試點鎮之一。

佟二堡可說是渤海灣區，也是東北地區的「皮都」，經過將近20年的發展，佟二堡已經擁有成熟的皮草、裘皮加工廠，雖然臺灣人知道的不多，但對於溫帶或寒帶國家的服裝業者大都知道佟二堡的盛名，這裡的皮衣、皮草、皮包等產品不少銷往美國、俄羅斯、丹麥等歐美國家，雖然臺灣的氣候沒有太多穿皮草的機會，不過佟二堡的皮衣、皮鞋、箱包也有銷到臺灣，我更看好外銷的市場。

佟二堡的人口雖然只有4.5萬人，但卻有

6,500戶從事皮衣、裘皮服裝的加工製造，2,000戶從事銷售業務，皮衣年產量50,000件以上的廠商多達20多家，專門生產裘皮的廠商也有10多家，現今佟二堡生產皮衣的廠商有650家，整個佟二堡的年均皮衣、裘皮服裝產量高達500萬件，由此可見佟二堡不僅是中國皮衣、皮件、裘皮產業的重點城市，也是全球這類產品的生產、銷售基地。

根據公開的資料，佟二堡有不少裘皮服裝的原料是從美國、加拿大、丹麥等國的毛皮拍賣會上標來的，至於皮革原料則是從河北、浙江批來（剛好河北有辛集、浙江有海寧這兩個皮都），在皮革和裘皮製造的技術上，也隨著香港、韓國的染色、雷射雕花技術的引進，讓佟二堡皮件、裘皮製作技術更上層樓。

■這裡的皮件以真皮為主

佟二堡皮革市場

現在大家比較熟悉的佟二堡皮革市場大概是以海寧皮革城居首，其實佟二堡的海寧皮革城是浙江海寧皮革城集團投資興建營運，按照計畫，總共有二期的建設；第一期，也就是現在去能看到的那碩大無棚的批發商場，就是於2010年完工營運的第一期裘皮城，二期工程包括另一個裘皮城及原輔料市場，也已在2012年完工營運。

其實佟二堡海寧皮革城光是第一期商場的面積就已經非常龐大了，因為4層樓大商場的營業面積就達到48,000坪；一樓是箱包皮具、皮裝區，在這裡可批到品牌箱包、皮具和時尚皮裝（也就是皮衣、皮褲、皮裙等）；二樓為皮裝區，主要營業項目是皮革時裝；三樓是裘皮區，以裘皮時裝為主；四樓是裘皮、毛皮、餐飲區，主要經營裘皮、毛皮服裝服飾。

至於二期市場主要經營皮革、毛皮的原料及輔料，不管是國產皮、進口皮、牛、羊、豬皮等都有，另外還有兔毛、狐狸毛、水貂

毛等毛皮原料，輔料則包括內裡布、拉鏈、鈕扣、包裝袋、箱包配件、縫紉設備、模特兒等。

不過，其實除了海寧皮革城之外，我在一開頭就提到佟二堡從1980年代開始轉型，早在海寧皮革城進駐之前，佟二堡已經發展皮革、裘皮產業將近20年，所以從過去以來，佟二堡市區的主要街道就已經是佟二堡最重要的產業生命線。

在佟二堡的主要街道上，長達1公里的街道上都是皮革、裘皮批發商場或專賣店，在這條裘皮一條街上有旺鼎皮草皮裝城、佟二堡中國皮裝裘皮城、亮冠佳紳皮草廣場、佟二堡皮裝商業廳、百盛裘皮商場、緣達華飾裘皮精品城、富祥裘皮商場、皇都皮草城等批發零售商場。不過在佟二堡批貨，動作得快一點，因為佟二堡海寧皮革城就已經夠大了，還要看其他的批發商場可能會時間不夠。

■佟二堡海寧皮革城全景

佟二堡海寧皮革城

相信每個人第一次到佟二堡時，一路上一定不停納悶：「中國三大皮革、裘皮集散中心之一會座落在這麼鄉下的地方嗎？」因為離開瀋陽市區後，不管巴士在高速公路或是在鄉間道路上，環顧四周都是農田，都會讓你感覺這是很鄉下的地方，怎可能有傳說中那麼龐大的批發市場呢？

不過車行約1個多鐘頭後，當你看到路邊開始出現一支支大型T霸看板，而T霸上登的多半是「佟二堡海寧皮革城及皮件品牌」、「上海國際皮革商貿城」時，就表示離佟二堡海寧皮革城不遠了。然後當遠方地平線上出現一棟灰色的龐大建築時，表示你已經到佟二堡的海寧皮革城了。

佟二堡海寧皮革城全區是個五邊形格局的基地，第一期商場也是五邊形，第二期商場是梯形，所以比長方形或正方形建築感覺來得複雜，也比較容易搞不清方向，不像一般的批貨商場，一個建築中只有一個中庭，佟二堡海寧皮革城至少有2個大中庭，所以為何我說逛起來容易搞不清方向不是沒原因的。

佟二堡海寧皮革城不只大，而且商場裝潢雖然稱不上富麗堂皇，但不論是地板、牆壁的材質都很好，走道寬度是6公尺，走在上面真的很舒服；我們很少在一般批發商場看到有清潔人員在營業時間清潔樓板地面，不過因為樓板地面都是大片打磨地磚，不隨時保持清潔還真是難看，所以地面光潔如洗也是應該的。

佟二堡海寧皮革城的檔口幾乎都是用大片玻璃來隔間，整體感覺非常高雅，第一次去

■佟二堡海寧皮革城的中庭休息區

的人肯定會印象深刻，也會覺得在這裡批貨跟在臺北的微風百貨、各地的大遠百、高雄的新掘江、漢神百貨沒有太大的差別，坦白說，如果不是一些檔口前面貼著歡迎批貨的告示，很難想像這裡會是個批發商場。

佟二堡海寧皮革城的1樓主要以箱包、皮具、皮裝（也就是皮衣、皮褲、皮裙等）為主，所以1樓可看到男女用皮包、皮箱或箱包、皮衣等商品，我覺得要批真皮的貨（雖

■檔口裡的各式箱包放滿地

然這裡也有合成皮的商品，但畢竟很少），這裡肯定是個好地方。

我在1樓看到不少皮件、皮具商品，像女用皮包的設計、皮質、做工都很不錯，現在大陸的皮件逐漸從過去的模仿走向自行設計的路，當然我還是看到一些跟名牌皮包很相似的產品，但進駐海寧皮革城的廠商確實有兩把刷子，越來越多皮包都有國際級的水準。

我在自己的公司就有參與皮件產品企劃與商品挑選，依據我自己挑包包的習慣；我喜歡造型較獨特的皮件，例如像凱莉包這樣的包包，長夾則是偏好色彩不要過於複雜的款式。在佟二堡海寧皮革城挑貨，是非常有樂趣的，因為有時一家檔口就有數百款產品供挑選，所以整個海寧皮革城有將近幾十萬款式的商品要看，那真的是得趕著看，否則真是看不完呢！

皮革加工製造流程

生皮→浸水→去肉→脫脂→脫毛→浸堿→膨脹→脫灰→軟化→浸酸→鞣制→剖層→削勻→複鞣→中和→染色加油→填充→乾燥→整理→塗飾→成品皮革

皮草看貨基本常識

看毛質 優質的皮草觸手柔軟，毛質要濃密而富有光澤，毛色一致。

摸皮草 用手把皮草的毛向上及後方刷動，如發現沒有禿毛、毛尖破裂或毛色黯淡，且手感毛皮柔軟豐潤，就是品質優良的皮草。

聞異味 將皮草拿近鼻前，聞聞有無異味。

看做工 注意每塊皮草的縫合處是否平滑、堅固，好的手工其接縫處是細密得不露痕跡。

試合身 選擇皮草尺碼時，應多少寬鬆些，因為它畢竟是一款冬裝，寬鬆些不僅看起來高貴，而且保暖效果更好。

■很漂亮的皮草

值得精挑細選的皮裝樓層

現在臺灣，特別是北臺灣的冬天很濕冷，如果有一件質輕又保暖的皮衣，不僅好看又保暖。我在佟二堡海寧皮革城的皮裝區，多變的女裝自不在話下，不過男裝也不錯，我看到好多設計帥氣的男用皮外套，因為我自己較喜歡剪裁、外頭不要太多口袋的皮外套，將近10年前我在臺北某家服飾店花了4,500元買一件皮衣，不過最讓我印象深刻的是它比一般皮衣要重很多的重量感，而且看久了也知道其實那件皮衣的皮革材質並不好，感覺就是「老牛皮」（因為毛孔很大，皮紋很粗），雖然當時買的價格不算貴，但如果穿皮衣像練習舉重，久了自然不會穿它了。

■這家檔口都是賣男裝皮衣

不過我在佟二堡海寧皮革城2樓的皮裝樓層的一家檔口看上一件我喜歡的，也就是造型很簡單的皮夾克，當檔口老闆把皮衣交給我看看時，我下意識地認為它應該不輕，結果一交到我手上時，雖然不能説輕如鴻毛，但絕對比我的西裝外套還要輕好多，真是令人驚訝。再加上它皮質的毛細孔很細，不像我以前那件都有點像荔枝皮；至於批貨價格方面，如果是單件購買的零售價格在人民幣600元上下，因為我並沒有在這家批貨，就沒有跟老闆殺價，但以這樣品質的皮夾克，批發價格確實是可接受的。

其實皮裝的設計也是千變萬化，像我提到的短皮夾克，領子則搭上可拆式的毛皮領，在寒冷的冬天確實讓脖子都暖合起來。另外獵裝式的皮衣也是非常英挺帥氣，即使配上一雙休閒球鞋也一樣好看；當然我也看到好多半長的皮外套，配上皮製休閒包，怎樣都好看，而且它的外套有各種色系，例如咖啡色，配上毛皮領，就非常帥氣。

男生的皮裝以長短外套、夾克、獵裝，以及一般布料外套加毛皮領，或羽絨外套加毛皮領居多，當然，光這幾樣款式就很有得挑了，而女裝就真的會讓你看到眼花撩亂。

過去大陸有個順口溜，「一個女人一輩子一定要有一件羽絨衣」，這句話當然比較適合華東以北的地方，畢竟長江以北到冬天非常寒冷，所以過去女人希望有一件羽絨衣是正常的。現在這個順口溜則已經變成「一個女人一輩子一定要有一件貂毛」，貂毛也就是臺灣人説的貂皮大衣，可見大陸的消費水準確實在進步。

在歐美，特別是歐洲，貂皮大衣還是冬天很常見的服裝，我在法國巴黎香舍里榭大道上就看到好多貴婦穿著貂皮大衣逛街，那樣的場景配上那樣的服裝感覺不會突兀，反觀在臺灣穿貂皮的機會微乎其微，不過市場就看你怎樣挑選了。

當然在佟二堡海寧皮革城不只能看到貂皮大衣，以及各種顏色的皮衣、皮裙、皮褲之外，只要將毛皮的元素搭進去，就能創造出千變萬化的產品，在海寧皮革城隨意走動，肯定能激發很多產品創意（我指的是可套用到其他產品上的創意喔）。

以女裝來說，除了純皮外套、皮夾克、皮大衣之外，毛皮披肩、毛皮圍脖、皮背心（當地叫「馬甲」）、毛皮背心、皮短裙、皮褲、皮褲裙、羽絨衣、貂皮大衣、皮毛帽等不勝枚舉，令人看得眼花撩亂，臺灣的冬天寒流來時，用一條毛皮圍巾圍在脖子上，套上任何一件外套，都會讓整體造型增色不少，而且又保暖，收藏也很方便，可說是裝飾與功能兼具的商品。當然，毛皮類商品在臺灣還是有爭議性，所以想批毛皮類商品可先考慮一下銷售地的消費反應再做決定，如果想避免爭議性的問題，我在佟二堡海寧皮革城看到很多帶了毛皮的背心，看起來還是非常好看，但不會像貂皮大衣那樣有爭議，而女用毛皮背心在臺灣的冬天也適用，穿起來也不會太過臃腫。

臺灣的創業家在創業時，有的是鎖定臺灣內需市場，有人則是透過採購銷售到其他國家，像臺灣有些業者在廣東採購各種小商品，然後一貨櫃一貨櫃地銷往東南歐、非洲、中南美洲等地，我覺得這種作法也很好，畢竟世界市場非常大，我認為皮件、毛皮時尚有其市場發展，不管是哪種檔次的市場都有，問題就在於你能不能找到這樣的市場。

我建議如果想來渤海灣區批貨，一定不能錯過佟二堡的皮革批發市場，不過要提醒大家，如果想走皮件、毛皮行業的話，一定要有基本的資金，因為皮件、毛皮產品即使是批發價格也是有一定行情的，如果一開始無法批價格太高的商品，可從飾品小物這類的產品入手試賣測水溫。

■粉紅夾灰毛皮大衣

■很時尚的毛皮帽

■有零售，也有批貨的皮包檔口

皮包也有創意特色

現在每個女性手邊大概都有好幾個皮包，出門時會隨著不同的場合、用途、不同的心情帶不同的包包出門。佟二堡海寧皮革城的皮件（包括皮包、箱包、手拿包、長夾等）不少，當然也可以看到一些臺灣人看不上眼的仿名牌包包，主要是他們的仿名牌包不是真的「高仿」，而是將商標局部修改的那種仿名牌包，這種仿名牌包肯定不能批回臺灣。至於其他包款，則要看自己的眼光了。

這裡的皮包除了皮質之外，也有一些緞布的包包，但要注意的重點是這種包包的皮質鑲邊和提帶、五金，品質都非常好，款式設計也不是那麼「搖擺」，適合臺灣低調奢華的消費習慣；不過值得留意的是，這裡的皮包因為多了毛皮這種元素，就顯得更有特色，設計也很漂亮。不過皮件批貨的原則，就是要仔細檢查皮質，因為真皮與仿皮越來越不容易看，可別花真皮的成本批到仿皮的產品，那就得不償失。

在這裡的箱包檔口中，除了一般常見的塑膠硬殼加上一層布料做裝飾的一般旅行箱之外，在海寧皮革城怎能沒有皮革外皮的旅行

■有些檔口有做舊貂毛回收生意，所以最好要有一定的看貨能力

箱包呢？這倒是比較有特色的箱包產品。

至於手拿包和男女用長夾，各種皮質、做工的長夾非常豐富與多樣化，像國際品牌常見、臺灣少見的漆皮長夾，在這裡都可找到，至於長夾色彩也是繽紛多樣，擺在一起就像一道彩虹；手拿包、長夾這種商品重量輕，貨運成本低，可考慮來此進貨；另外，各種純皮皮帶、純皮手套也是不錯的商品。

男用皮包也非常多，不管是純皮製的公事包、休閒包、電腦包、手提包、男用手拿包、腰包、雙肩背包等，各種款式、各種尺碼都有，坦白說，這些男用皮包也是讓人愛不釋手。

貂皮大衣

貂皮大衣（大陸稱為「貂毛」）在現今社會是個具爭議的商品，不過我們還是要介紹一下貂皮大衣。

貂毛在時尚圈的用途很廣，除了做成貂皮大衣外，還可拿來做圍巾、帽子或背心。

以貂皮大衣來看，在佟二堡海寧皮革城3樓都是裘皮檔口，這裡純色的貂皮大衣的數量很多，除了純白、灰、淺棕、深棕、黑等貂皮大衣外，也有染色的貂皮大衣，像是染成粉紅色、藍色、紫色、酒紅色、黃色的貂皮大衣也看得到，還有一些是混色的；貂毛有長也有短，這就看你喜歡什麼樣的感覺了，兩種各有特色；款式也多樣化，像一般是有大鷺的，有的是有帶帽的，還有帽子邊緣鑲一緣貂毛，手袖也鑲一環貂毛，各種款式都有。我感覺短毛的貂皮大衣比較俐落，長毛貂皮大衣則更顯富貴。可能一般人一輩子也沒看過幾件貂皮大衣，來到海寧皮革城能讓你看到各式各樣的貂皮大衣，還真是開了眼界。

裘皮一條街

如果硬要把佟二堡區分成新區與舊區的話，海寧皮革城就是在新區，至於裘皮一條街的其他皮件批發商場算是在舊區。海寧皮革城比較像是臺中七期重劃區的感覺，就是把一塊在市郊的地畫出來作為建設之用。

至於裘皮一條街，就是佟二堡鎮市區的主幹道，主幹道兩邊的1樓店面都是做皮革或毛皮生意的，也有很多是屬於廠家直銷的；簡

■裘皮一條街全景

單來說，有些皮件皮草品牌是有包下工廠產能，像海寧皮革城內的檔口比較多這樣的營運方式，而裘皮一條街上的檔口，很多就是工廠自己在這裡開設檔口，直銷自己工廠的產品，至於兩者工廠的產能、品質的高低，則沒有定論，端看自己的選貨眼光。在裘皮一條街上批貨，可能比較有機會談批貨條件。

我在裘皮一條街上還看到有專做毛皮汽車坐墊的檔口，他們擺了好幾個樣品在展示窗前，一看便知，原來是依據汽車前座的椅型車縫成毛皮坐墊；這種汽車毛皮座墊其實也可當成居家使用，像臺灣家庭使用的按摩椅或半躺椅，也可以搭配這種毛皮坐墊，冬天坐起來肯定溫暖又舒服，如果去佟二堡有經過的話，記得進去問問看。

■冬天裡有這樣的汽車座墊應該很暖和

旺鼎皮草精品城

旺鼎皮草精品城位在裘皮一條街上，外表看起來沒有那麼新穎，不過裡面的格局看起來還不錯，就像是一家有歷史且保持得非常乾淨整潔的百貨公司，我想應該是受到後起之秀海寧皮革城在佟二堡成立的刺激，各樓層的通道也和海寧皮革城一樣，用大陸各大城市命名，例如北京街、上海街，方便消費者尋找檔口。

旺鼎皮草精品城比較像是一般的批貨商場；除了標準的檔口之外，在走道上也規劃了一些開放式的檔口，像是賣皮件、小商品的檔口就集中在這些開放式的檔口。

■裘皮一條街的旺鼎皮草精品城

這些開放式檔口賣的商品也非常多樣化，其中有一家檔口賣的皮帽和毛帽吸引我的注意；它的毛帽中除了那種像前蘇聯領導人在紅場閱兵時戴的那種硬頂黑色貂毛帽之外，也有帽子兩側可放下幫耳朵保暖的皮帽，以及女用的毛皮帽、可隨頭型大小伸縮的貂毛保暖帽；另外，貂毛圍巾、純皮手套、純皮皮帶等都有，其實最吸引我的是貂毛保暖帽，它是將幾條貂毛連接起來，底下再用彈性帶圈起來，貂毛本身就有一點彈性，因此戴起來既保暖又時尚。由於這類商品在臺灣難找，濕冷的冬天頭部是散熱的元兇，有這樣的保暖商品可真是好用，當然我就趁機多買幾頂了。對了，來到這裡，很多檔口都可以殺價，因此千萬別傻傻地照檔口開價付錢喔。

■毛皮大衣多少有些細微的差異

有些商品的樣式看起來會很相似，但又有些許不同之處，其實這也很正常，畢竟每一年至少兩季要推出新產品，設計師再怎樣強也很難想出這麼多款式，所以大家多少會互相打聽同業下一季的新款產品長怎樣，然後再加以變化，像我看上的一件毛皮背心，皮質好、毛色佳，穿起來有腰身又非常時尚，我帶了幾件回來試水溫，很快就賣掉了，讓我對臺灣毛皮時尚產品市場有了更大的信心。

從海寧皮革城到旺鼎皮草精品城有一段距離，但還不到1公里，走路約10分鐘，如果想沿途看看裘皮一條街的檔口，我建議慢慢走。但如果是冬春季節前往，記得一定要做好保暖工作，當然也可直接把批到的貨試穿一下，這樣就知道這些皮件或毛皮產品的品質了。

如果不想從海寧皮革城走路過去，商場外面有一種三輪「碰碰車」，後面可以做兩個人，而且有遮蓬，每趟一人人民幣1元，只不過司機的技術我就不敢保證了，所以如果不是那麼急，或者氣溫不是太冷，還是建議走過去。

■在海寧皮革城等客人去裘皮一條街的碰碰車

國家圖書館出版品預行編目（CIP）資料

北中國批貨：渤海灣時尚精品批發市場地圖／張志誠著. -- 初版. -- 臺北市：早安財經文化, 2014.08
面；　公分. --（生涯新智慧；36）
ISBN 978-986-6613-65-4（平裝）

1.批發　2.商品採購　3.中國

496.2　　　103014644

生涯新智慧 36

北中國批貨

渤海灣時尚精品批發市場地圖

作　　　者：張志誠
攝　　　影：張志誠
特 約 編 輯：葉冰婷
封 面 設 計：Bert.design
內 頁 設 計：陳昭麟
責 任 編 輯：沈博思
行 銷 企 畫：陳威豪、陳怡佳

發　行　人：沈雲驄
發行人特助：戴志靜、黃靜怡
出 版 發 行：早安財經文化有限公司
台北市郵政30-178號信箱
電話：(02) 2368-6840 傳真：(02) 2368-7115
早安財經網站：http://www.morningnet.com.tw
早安財經部落格：http://blog.udn.com/gmpress
早安財經粉絲專頁：http://www.facebook.com/gmpress

郵撥帳號：19708033 戶名：早安財經文化有限公司
讀者服務專線：(02) 2368-6840 服務時間：週一至週五10:00~18:00
24小時傳真服務：(02) 2368-7115
讀者服務信箱：service@morningnet.com.tw

總　經　銷：大和書報圖書股份有限公司
電話：(02)8990-2588
製 版 印 刷：中原造像股份有限公司
初 版 1 刷：2014年8月

定　　　價：350元
I S B N：978-986-6613-65-4（平裝）